别再拿你的年纪说事

小城青空/主编

北京工艺美术出版社

图书在版编目（CIP）数据

别再拿你的年纪说事/小城青空主编. — 北京：北京工艺美术出版社，2017.6

（励志·坊）

ISBN 978-7-5140-1207-1

Ⅰ.①别… Ⅱ.①小… Ⅲ.①成功心理－通俗读物 Ⅳ.①B848.4-49

中国版本图书馆CIP数据核字（2017）第030008号

出 版 人：陈高潮
责任编辑：王炳护
封面设计：天下装帧设计
责任印制：宋朝晖

别再拿你的年纪说事

小城青空　主编

出　　版	北京工艺美术出版社
发　　行	北京美联京工图书有限公司
地　　址	北京市朝阳区化工路甲18号 中国北京出版创意产业基地先导区
邮　　编	100124
电　　话	（010）84255105（总编室） （010）64283630（编辑室） （010）64280045（发　行）
传　　真	（010）64280045/84255105
网　　址	www.gmcbs.cn
经　　销	全国新华书店
印　　刷	三河市天润建兴印务有限公司
开　　本	710毫米×1000毫米　1/16
印　　张	18
版　　次	2017年6月第1版
印　　次	2017年6月第1次印刷
印　　数	1～6000
书　　号	ISBN 978-7-5140-1207-1
定　　价	39.80元

目录

现在的你正是最好的年纪

003　　每一个年龄段，都有它独特的美好

008　　做一个不抗拒生活重负的勇者

014　　我不能事事周全，但这就是我年轻的模样

021　　逃避永远不会让问题自行消失

024　　本该创造自己价值的年龄就别想多了其他

028　　别天真到以为谁都要宠着你

033　　珍惜当下，谁都无法重走人生

036　　迎着阳光走出门

040　　真实的生活，才不枉你曾年轻

043　　很多东西，都在等一等中错过了

048　　谁说三十一定要立

MULU 目录

人生永远没有太晚的开始

055　你不经历点苦难，又怎么明白自己会成功

062　这些道理，不是三十岁的你也可以去听的

069　别让你的状态配不上你的年龄

074　你需要对未来有一定的危机感

077　不停地修正自己，你才能更完美

080　安稳过好当下，亦算好福报

084　敢对不满的生活说不，什么时候都不晚

089　你的一生都值得你去热情地对待

091　你明知道该怎么做，就不要迟迟不去做

094　时间过得很快，你的人生是否已经如愿

098　细细品味光阴带来的美

103　不认输，不管你今年多大

哪有什么本该放肆的年纪

109　谁的二十几岁没犯过这些错误

117　别遗忘了你最初的梦想

119　努力赚钱对一个女生来说究竟有多重要

123　你的能力是谁都抢不去的资源

127　世界太大，别把自己弄丢了

131　一路向前，见尽欢喜

135　成为想成为的人，不要只是说说而已

139　别打着青春的名号逃避本该的努力

144　大学不是你人生的全部

149　每个人都曾迷惘和困惑，但你不能一蹶不振

154　你不需要赢过时间，只用赢过你自己

158　眼界高了，六十岁也能活出十六岁的风采

164　你不是不行，你就是太懒

168　你的文化修养越高，路才更长

目录

谁都曾迷惘和彷徨却坚持着

173　年轻人犯错误不要紧，因为你还有时间去弥补

180　时间的积累会带来巨大的惊喜

183　丰富自己比取悦他人有趣多了

188　有时任性一点也是一种快乐

191　生活与态度有关，与年龄无关

196　因为无助和伤心过，所以才明白成长的深刻

200　很难交到好友是否因为你太浮躁

207　时光一去不返，别让遗憾太多

209　人与人之间的交往需要点边境

213　温柔以待世界，从温柔以待亲人开始

218　独处的你是否成为更好的你

223　人生也许不可控，但你要勇敢和坚强

爱生活爱自己不管你多大

- 229 有能力地活出你的风采
- 234 懂得尊重他人的隐私
- 239 生活在今天,就不要去操心明天了
- 241 平凡生活也是一种大的馈赠
- 245 心里有阳光,生活才能有阳光
- 250 爱自己,不要只是嘴上说说
- 254 保持在同一频道是最好的情感保鲜法
- 256 少对别人的生活指手画脚
- 259 不在不值得的人身上因生气而浪费了时间
- 263 未婚又怎样,这并不能妨碍你精彩地活着
- 268 不是你想要的生活,你有权说不要
- 272 有趣才有诗意,眼界就是远方
- 276 不要等到失去了才后悔没好好珍惜

现在的你正是最好的年纪

每一个年龄段，
都有它特别的美好。
我们现在所处的，
就是最美的年纪。

[每一个年龄段，
都有它独特的美好]

那一年我20岁，在商场里试衣服，我看上的每一件，穿上都很漂亮。可我只是在镜子前转一圈，脱下衣服，抻平上面的皱褶，又小心翼翼地把它们挂回去，因为我没钱。

旁边一对中年夫妇，女的穿金戴银，一脸的雍容华贵，男的手里提了四五个不同品牌的衣服袋子。我承认我羡慕：我多想过她那样的生活，想买就买买买，出门不用等公交，私家车就停在楼下的停车场里。

十几年后的我，自己开车逛街，买东西也可以不再犹豫。可是，看中的衣服，穿在身上照一照镜子，就没有了购买的欲望。看着旁边20来岁的姑娘，我心里是嫉妒的：她们素面朝天就自带吸引力；她们的身材，即使是路边摊的衣服，也能穿出青春的韵味；即便裹着宽大的校服，也掩盖不住她们青春的气息。而我，已经是不化妆不敢出门、再也不敢去尝试街边小店衣服的年龄。

如果能回到20岁，我可以不要银行卡上的那一串数字。我在心里想。

我突然意识到，这一生，我们是不是总在羡慕别人？

[1]

小学时，我不想吃早餐，妈妈逼着我吃；我要穿裙子，妈妈非让我穿秋裤。我毫无办法，只能用哭来反抗这个世界。我多羡慕背着书包自己骑车上学的哥哥姐姐，风鼓起他们的衣服，自信在风里飞扬，叮叮的车铃声清脆悦耳。在我这个小学生眼里，他们的生活简直是五彩缤纷：他们已经能按自己的意愿穿衣吃饭，能自由支配课余时间，可以有心里偷偷喜欢的人，已经能掌控自己人生的方向。

可是，少年有少年的烦恼。有一天，姐姐不知道为什么哭了，她送我到小学门口，竟然对我说："我多希望能回到你这个年龄，无忧无虑；会因为一颗糖破涕为笑；夸我一句就可以开心半天。不用受暗恋的煎熬、没有写不完的作业、不用担心成绩下降，更不用考虑上哪所大学……"

[2]

我们终于上了高中，每天在"腥风血雨"般的竞争中拼搏，我们熬夜奋战题海，为一次两次考试的失利而伤心。抬起头来，看看已经在大学的昔日学长们，他们学习轻松、社团活动丰富，可以大明大白地恋爱，再也不用像我们现在跟喜欢的那个TA偷偷"接头"。

可是我们不会想到，那些上了大学的学长学姐，正在回忆他们甜蜜的初恋。那些感情，因为懵懂而美好，因为单纯而难忘。那时候的爱情，没有一丝杂质，不用考虑将来的就业和发展，不用考虑车子房子。

"最怀念的，是高三那些艰苦的日子，虽然苦不堪言，可每天忙碌而充实。那些日子，也许我这一生再也没有机会体验，但那是我们人生中真正奋力一搏的一段时间。高考虽然残酷，却是这个世界最公平的一次博弈。"已经考上大学的学长说。

[3]

经过激烈的角逐，我们涉过重重险恶，一路过关斩将，终于考上了当初憧憬的大学。

入学以后，才发现大学生活远没有想象的那样花团锦簇。每天吃吃睡睡，经常觉得迷茫，觉得百无聊赖。我们盼着毕业，早点找个工作，赚钱养自己、孝敬爸妈。

"学姐，大学的日子好无聊啊。真羡慕你，工作了，可以赚钱了。"你打电话说。

"是的，我毕业了。可是你知道不，2000元的底薪意味着什么？我该选择在大城市蜗居，还是回到小城市安稳？毕业了，一切现实的问题砸过来，我多想再回到大学，过几年学生生活。你现在还感觉不到，学生时代，其实是人生最幸福的一段时期。没有江湖，很少虚伪。"学姐低声地回答，语气里都是无奈。

[4]

再然后呢？二十七八还没有对象的我们，开始遭遇催婚。

等我们疲于奔命地相亲，坐在星巴克的桌子前，衡量着对方的"软件"和"硬件"，盘算着该留还是该撤的时候，我们叹息：如果是刚刚毕业就好了，虽然赚钱少点，可我们还有折腾的资本；我们可以跳槽、可以炒老板鱿鱼、可以换其他行业，一切，都还有机会从头开始。

而现在，买房、结婚、生孩子，我们已经没有了选择。即使现在这份工作如温水煮青蛙，我们也只能待在锅里，慢慢死去。因为，我们已经没有了试错的时间和胆量……

相信我，现在的你，正是最好的年纪。不要羡慕别人，不要想象将来多么糟糕。过好当下每一天，才是最正确的事。等到我们老去的时候，才会没有遗憾。

3月离世的足球明星克鲁伊夫，当他得知自己罹患肺癌以后，曾镇定地说："这是一件不幸的事，但我对自己的一生无怨无悔。我的职业是我热爱的运动，一生中的每一天，我都没有虚度。"

年轻时候，他驰骋球场，三次夺得欧洲足球先生称号；退役后，他拿起教鞭执教，战果累累。后来的十几年，因为心脏不好，他放弃工作，陪伴家人。每一个年龄段，他都过得有声有色。

在我的隔壁，住着一对荷兰老夫妻，男的86岁，老伴85岁。两个人每周打两次网球，每天都要出去走走。他们对现状很满意，最经常说的一句话就是：我们还年轻，还能自己照顾自己的饮食起居。相比他们，抱怨青春不再的我，真是太矫情了。

去年我在一所语言学校教中文，同事里大部分都是四五十岁的荷兰女教师。不管是开会还是上课，她们总是把自个儿打扮得美美的。她们喜欢穿色彩亮丽的衣服，用鲜艳的口红。

她们总是说："我们这个年龄多好，可以想去哪就去哪，旅游目的地可以自己决定。我们还年轻，身体还健康，爬山去海边，哪儿都可以。"一起去桑拿的时候，她们都大方穿上比基尼："别说我肌肉还没松弛，松弛了也要穿。我这个年龄，还有这样的身材，我已经很满意了。"其中一个说。在她们的影响下，我也觉得自己还很年轻，渐渐对自己的那点小肚腩毫不在意了。

[5]

  我们总羡慕自己这个年龄没有的东西，殊不知你的现在，正是被别人羡慕的最美的韶华。每一个年龄段，都有它特别的美好。
  "我们现在所处的，就是最美的年纪。"愿我们一辈子都能记住这句话，相信这句话。

做一个不抗拒生活重负的勇者

[1]

没错,二十多岁的时候,穷二代和富二代没办法比。

有可能一辈子也没法比。

毕竟条件摆在那,你骑自行车满校园逛的时候,他开的是玛莎拉蒂。

你背着地摊上买的书包上课的时候,他背的是LV。

但是年轻时穷有什么错?

谁都想含着金汤匙出生,一辈子吃穿不愁,但是家境是可以选择的吗?

既然无法选择,凭什么说20岁穷一辈子都不会富了?

二十多岁,贫穷是一种常态,你无须羞愧。

你可能无法承担机票的价格,守在电脑前不断刷新12306;

你可能还买不起商场里各种名牌的衣服,逛了一圈后回去默默淘宝;

你脚上那双篮球鞋可能穿了多年却没有更换;

你愿意吃一个月的泡面给恋人买一份贵重的礼物。

[2]

因为二十多岁是个极为尴尬的时期,与家庭分离经济却不独立。

也可能是你一生中最困难的时期。

上大学之前，你的脑子里除了吃饭、睡觉、学习，就是偶尔出现在你梦里的暗恋对象。那时多数人不会感觉自己太穷，因为一切花销都由父母买单，枯燥单调的应试环境里你也没有更多心思顾及贫富差距。

步入大学后，你的吃穿用度全部由自己安排，父母每月打过来的钱也是固定的。

你进入了新的世界，需求不断增加，想买限量款的球鞋、想要奢侈品牌的香水和化妆品。而成年的你又不希望给家里增添负担，所以即便父母总是问你钱够不够花，你看着银行卡里的3位数字，咬咬牙说还够。

这时，很多年轻人开始感觉到了穷，叫有钱人土豪，称自己是穷人。

但这不是真正的贫穷，而是一种调侃。

因为这只是暂时的窘迫，足够吃饱穿暖，而且你也知道，你拥有的有很多。

Cindy是我本科的好友，目前在一家互联网公司工作。

虽然忙碌，薪水却很高。她现在涂着CHANEL的口红，穿着菲拉格慕的鞋子，还靠自己的努力入手一些轻奢的包包。

但她经常说很想回到从前我们一起在学校的时光。

想念学校的绿树成荫、蝉鸣鸟叫，还有塑胶跑道。

[3]

Cindy那时候其实很穷，和现在根本没办法比。有一次上课老师问我们双11都买了什么，她说买了超级多，衣服、鞋子、包包，一共花了五六百。老师当场就笑，毕竟老师买一双鞋子都要六百块。

可是当时她并不觉得穷是一件卑微的事情，晚上在操场看到自己跑步的影子都觉得拥有前进的力量。

她有大把的时间可以随意支配，可以努力争取做自己喜欢的事情。

可能是一次绞尽脑汁的团队穷游，感受清新的海风；

可能与朋友结伴爬山，虽然累得要死互相吐槽；

也可能是元旦时盛大的跨年舞会，与数千名同学一起倒数迎接新年的到来。

每一个经历都让她感觉生活是如此精彩，还有那么多可以探索的空间。

那时的她敢于尝试，从不怕输。

大学毕业时她原本考上了家乡的公务员，工作一年后毅然放弃了亲友眼里光鲜稳定的工作，来到了北京。

她说那种一眼就可以看到未来的日子不是她想要的生活。

她还是希望自己的所学能够创造价值，喜欢付出就有回报。

当被问及是否会后悔时，她说大不了从零开始呗，有什么可怕的。

因为还有许多可能。

这个世界虽然没有想象的那么美好，也没有人总会被温柔相待。成长的路上总有荆棘坎坷，你需要看清未来的目标，培养自己披荆斩棘的能力。

所以穷又怎样？那些"青葱"校园的感受，那些精彩的回忆，那些你用心做出的选择才是最宝贵的。

[4]

家境出生时就已注定，但二十多岁的生活方式却可以做相对自由的选择。

不管是现在，还是未来。

大学室友是个特别有生活情趣的女生。

她坚持每天做手账，将日常生活记录在本子上，还会用贴纸和胶带做装饰。

圣诞节时她买回一个灯串，宿舍里立刻有了圣诞的气氛。

她每年生日都会用"拍立得"拍照为自己留下纪念。

点点滴滴让生活变得精致而美好。

还有很多朋友即便是租房也会把家里装饰得很漂亮。

几块棉布、几幅贴画、几盆绿植，立马让家里有了生活的情调。

和这样的人在一起，你会觉得生活是一种美好的艺术，应该去热爱。

毕竟生活是自己的，再苦也得想方设法过下去。

在某种程度上，除了金钱，你过着怎样的生活取决于你的观念与态度。

而未来的生活，则要靠奋斗。

奋斗不一定能让你过上想要的生活，但可以让你过得比现在好。

贫穷不会让你的梦想贬值，梦想也不会因出身而变得廉价。

就像《好先生》中孙红雷扮演的陆远。

他年轻的时候穷到什么程度：租的房间没有暖气，冬天冷到无法脱衣服，只能和衣而睡；没钱交房租，要与房东斗智斗勇。

但他决定自己要做厨师之后，便尽一切努力向这个方向去拼搏。

他原本只是美国一家餐厅里面削土豆的小工，为了当厨师，他偷偷地学习做菜。

不做事的时候抓紧一分一秒去看厨师的做法，并将这些偷学到的东西记下来。

他语言不通，就随身带着字典，遇到不认识的单词就去查找。

他宣示过自己做厨师的想法后，外国人不仅羞辱他，还让他去洗全餐厅人的内裤。

但是他都做了。

而且他还很懂得创造机遇，著名美食评论员来到他们餐厅时，他抓住这个机遇做菜给她吃，并受到了极度的好评。

然后他就火了，事业也像开了挂，还被评为米其林三星厨师。

[5]

而孙红雷本身也与陆远这个角色有很大的相似之处——家境贫寒却极有毅力。

过去他的母亲甚至要靠借钱来养活家人。

但是这不能阻挡孙红雷对霹雳舞的热爱，他在各个地方、江边、教室，抽出一切时间去练舞。

辛苦没有白费，最后他在舞蹈大赛上赢得了大奖，参加各种活动改善了家庭环境。

他那时的梦想是表演。

所以他决定去考中央戏剧学院，但是老师说他太胖，没有参加考试的资格。

那时离考试还有一个月。

为了自己的梦想，这个一米八几的东北汉子每天都在操场上高强度地跑步，不顾其他人的诧异的目光，每天只吃一条黄瓜和一个鸡蛋。

然后在一个月内，他瘦掉了30斤。

后来他靠自己的舞蹈天赋和努力考上了中央戏剧学院，在不断地磨砺中有了今天的他。

二十多岁时你穷，但谁都知道未必一辈子都穷。

成功需要太多的因素，简单的努力口号并不一定能帮你与自己艳羡的人物比肩。

但认清事实，依然努力改变现状的你，会更让人刮目相看，那种生机盎然的姿态让人敬重。

[6]

三毛曾经说过：永不抗拒生命给我们的重负，才是一个勇者。

所以二十多岁即便贫穷，也要踏踏实实地生活，让青春和岁月打磨出最优秀的你。

未来即使没那么光鲜，也不至于空白。

这才是二十多岁的意义。

[我不能事事周全，
但这就是我年轻的模样]

如果我有机会回到十几年前，我不会改变任何事情，即便那些糟糕得不能再糟糕的记忆，站在十几年后的今天来看，都是舍不得的珍贵。

或许有一天，你会明白我今天试图传递给你的信息，那就是——

你永远无法想象，你年轻的面庞沾满了汗水的样子，是一种怎样的美丽。

[1]

"姐，一晃半年多过去了，还记得我吗？那次咨询之后，我找到了一家外企，开始了一份新的工作。如今虽然忙碌却很充实，真的应了你说的那句：能用汗水解决的问题，犯不着用眼泪解决。姐，我看了你写了很多咨询手记，能否把我的故事稍微进行些加工处理，写出来给更多的姐妹以启发呢？"

上午打开QQ的时候，我收到了燕燕的这段留言。

怎么不记得呢？

我还记得半年前燕燕约我咨询的时候，她是特地从外地赶过来的。

见到她的第一眼，我就惊呆了，这姑娘完完全全就是从画里走出来的呀，穿着一袭亚麻质地的长裙，系着一款素色围巾，身材颀长，脸庞清秀，宛如天仙。

不过燕燕一开口，还是让我震惊了一小把。

她的声音和她的外形有着巨大的反差，音色嘎嘣脆，语速也偏快，说起话来像是热闹的鞭炮，十分钟的时间，她就噼里啪啦把她的情况说完了。

燕燕毕业之后的第一份工作是父母安排的，进了当地一家效益好到爆棚的单位。一开始她就做些行政文员之类的打杂工作，不过燕燕头脑灵活、反应敏捷、做事麻利，加上不错的外形优势，很快就引起了同事及领导的注意。

那一天开会的时候，刘主任还当着大家的面，狠狠表扬了她，打算给她安排更重要的工作，还号召新人都要向燕燕学习。

燕燕心里乐开了花儿。

快下班的时候，主任的电话来了，让燕燕去他的办公室一趟，说是要和她商量一下今后的工作安排。

燕燕也没有多想，就过去了。

[2]

刘主任当时就坐在办公室里偌大的沙发上，见燕燕过来了，赶紧起身，满脸堆笑地迎了上去，凑上燕燕的脸，在燕燕的耳边说："燕燕，其实我喜欢你很久了……"

燕燕不禁打了一个寒战。

"刘主任，您是开玩笑的吧，我可承受不起。"燕燕本能地闪躲开。

"燕燕，"说着，这位梳着中分头的中年男人走到落地窗前，示意燕燕过去。

燕燕也来到了窗前，这个男人出其不意地将手搭在了燕燕的肩膀上，动作娴熟地就像久别重逢的恋人一般。

"刘主任，这恐怕不大合适吧。"燕燕机灵地再次闪开。

"我特别喜欢站在这扇落地窗前,俯视这座城市。燕燕,你要知道,作为一个姑娘来说,真正宝贵的青春也就那么几年,你知道为什么有人爬得快,有人却一直郁郁不得志吗?你看看这座城市,每天有多少人挣扎在温饱线上,但同样也有一小撮人,他们开着豪车住着别墅,可以任性地买这买那……"

"刘主任,不好意思,我实在不明白您为何要和我说这些。"燕燕说。

"你这孩子刚踏入社会,这第一份工作就让多少人羡慕呀,不过这也不稀奇,那还不是你父母的情面?而他们也只能帮你到这一步了。未来的路,还不是要靠你自己去走吗?现在燕燕,有一个绝好的机会摆在你面前,就看你是否愿意抓住它了。"说着,这个男人从兜里掏出了两把钥匙。

"看好了,燕燕,这把是车门钥匙,这把是房门钥匙。女人青春就那么几年,多少人日夜拼搏含辛茹苦不就是为了这两把钥匙吗?现在这两把钥匙就放在你的面前,要不要就看你的了。"说着,老男人的手再次试探性地伸了过来,猛然抓住了她的手:"你要是答应了,明天我就提拔你做主任助理,把外面那个四眼妹给开了,以后跟着我,保证你有享用不尽的荣华富贵……"

主任的脸再次凑了过来,差一点就要碰到燕燕的耳朵了。

"啪",说时迟那时快,燕燕一个耳光扇了过去。

"主任,请自重。"说完,燕燕头也不回地摔门而出。

[3]

就是这样一次转折,从此燕燕的职场之路急转直下。

刚开始一切都很正常,好像什么也没发生那样。

燕燕的直接上司张姐告诉她,领导好像有意提拔燕燕,所以招进了一个新人,让燕燕将手头上的工作教给这个新人,一个月以后,燕燕的工作内容会有重新调整。

燕燕虽然心里打鼓,可转念一想,自己虽然冒犯了主任,但作为公司领导,主任自然会以工作业绩衡量员工的,大约他会从大局出发,放下个人恩怨,所以鉴于她不错的表现,还是没有改变提拔她的初衷。

可事实证明,燕燕太天真了。

一个月之后,燕燕差不多把手头的工作教给了新人,然而升职令迟迟不下来,同事看她的眼神也纷纷有了异样的意味,大家好像都在私底下议论着什么。

终于有一天,隔壁部门的小李和燕燕因为工作的事情发生了口角,突然小李轻蔑地从鼻子里哼出一声冷笑:"得了吧,别在这儿装正经了,谁不知道你燕燕为了爬高枝,不惜色诱主任的英勇事迹呀,怎么样?没得逞吧?现在被架空的滋味是不是特别酸爽呢?"

燕燕怔住了,半晌才反应过来。

好你个刘主任,这招真够阴的!

这种舆论堪比小说,很快在公司内外沸沸扬扬传开了。

百口莫辩之下,燕燕辞去了工作,而相处三年的男友,也开始怀疑起她来。

[4]

豆大的泪滴从燕燕脸上滑落下来。

"燕燕,能用汗水证明的事情,就犯不着用眼泪。"我说。

层层梳理之后,我和燕燕达成了以下共识。

尽快走出那个小地方、那个小圈子,走出去,去见识更大的世界,遇见更多优秀的人。

找一个制度相对完善与透明的公司平台,最好是外企,用三到五年的时间，迅速成长。

燕燕坚定了后面的路，但对于这段感情，还是犹豫不决。

我继续说。

曾经看过这样一个说法，说女人的心灵结构，大约是这样的——

最外面的一层属于没有希望的追求者给我们带来的心动；

中间的一层属于会伤我们心的坏男人；

而最深刻、最珍贵的心灵角落，永远只属于那个能让你真真切切感受到爱的男人。

我无法根据只言片语的单方面描述，就断定这个男人爱你或者不爱你。

但不论是爱还是不爱，你都应该去工作，因为严酷的生活即将拉开帷幕。

你需要学会的第一课，是走出过去的阴影，学会为自己的欲望买单。

想要光鲜的生活又不想有所依附，就注定要走上一条艰苦卓绝的奋斗之路，同时也意味着你要放弃很多唾手可得充满诱惑的机会。

不过绝大多数人的二十多岁不都是这样过来的吗？

二十多岁的年纪，贫穷难道不是一件最理直气壮的事吗？

你踏入社会之前的每一步走起来那么轻松，那不过是因为有人在替你的生活买单，比如你的父母。

现在你需要做的，是擦干脸上的泪水，去挥洒青春，用汗水证明一切。

[5]

燕燕最终释然了。

即将告别的时候，燕燕望着我说："姐，我多么希望有一天，也能和你一样。"

我笑了："我很好奇的是，和我一样对你而言意味着什么？"

燕燕说："我感觉你好像有一种能力，遇到什么事都不慌不忙，能够抽丝剥茧看到问题的本质。你厚厚的镜片背后，有一双睿智的眼睛。你给我的感觉很亲切，像是邻家大姐姐一样。"

我没有说话。

我不曾当面告诉燕燕，其实我年轻的时候，鼻梁上并没有架上这副厚实的眼镜，那个时候对我而言，世界是模糊的，清晰的是我自己年轻的身体与面庞，以及不可一世与跃跃欲试的心。

我曾因为自己的虚荣和贪婪一路波折不断，也曾在雨夜里和男友大吵一架，负气出走，甚至一度和家人闹得很凶，叫嚣着自己的独立宣言。

那个时候，我看不清眼前的路，更看不清眼前的人。

如今的我鼻梁上架着一副厚重的眼镜，眼前的路眼前的人逐渐清晰起来，而我也终于明白了一句话，那就是——

比老去更可怕的是老了老了，还没在社会上找到自己的位置。

如果时光能够倒流，我也不会去改变任何，虽然现在我知道如何做得更周全更巧妙，如何更游刃有余，但每每回首走过来的每一步，都不忍舍弃，哪怕当初感觉糟透了。

生活最美妙之处，就是这份出其不意。

你会发现不论当初怎样选择，到头来都是一场努力的过程，在漫长的看不到尽头的日日夜夜，请用心对待你所走的每一步，总有一天，岁月会为你揭晓这一切的答案。

我甚至开始无比怀念那一段艰难的时光，虽然当时什么也没有，但我却拥有最好的年纪，以及一去不复返的青春。

二十多岁的你没必要事事周全，要知道仅凭这个年纪再配上脸上的汗水，就足以秒杀一切的闪耀。

  我今天所拥有的一切，得体的衣服、温婉的谈吐、抽丝剥茧的梳理、犀利的点醒，这一切，岁月都会带给你。

  而我，无法再次拥有如你一般的青春。

  而你，有权用你自己的方式成长。

逃避永远不会
让问题自行消失

　　二十几岁不是人生最艰难的时候，但应该是人生比较艰难的时候。

　　人生都会经历不同的苦难，所以不管是什么年纪，都有可能达到糟心的顶点。但我想把那些倒霉的事和人生意外抛开，仅仅从客观情况来看。

　　人在二十几岁的时候是非常痛苦的。第一点就来自生存的困惑和压力。二十几岁的人大部分没有社会经验，没有资本，没有有钱的爹妈。

　　从解决生存问题上来看，几乎可以说除了自己以外，别人帮不了你什么。这个时候的人就是一个旱鸭子突然被推下了河，你是游也得游，不游也得游。

　　世界那么大，你被迫得去看看，所以充满了心酸和无奈。只要你被扔到河里过，只要你经历过二十几岁，就应该知道这是个什么滋味。

　　除了生存的压力以外，就是动物界永恒不变的主题：搞对象。这个年龄正是找对象的年纪，却也是最差状态的年纪。

　　从性的角度来说，这个时候大家的能力要远远低于十八岁小伙。

　　从经济的角度来看，你远远低于三十岁以后的人，就是不说钱，单从可以承担生活的角度来说，二十几岁都是弱势群体，这样的年纪还不知道怎样疼爱对方。如果跟小孩比，那是更差老远了。

　　中学时代，你可以完全凭一句诗，一首歌，或者一个细节打动对方，而二十几岁你就是跪着唱《征服》也没人理你。

二十多岁的人已经踏入社会。这个时候以前不存在的意识形态和大道理都来了。什么积极，梦想，劳动光荣，养家糊口，责任感，担当，创富，这些词就像世界最好的拳击手一样，每天打你脸，一天好几遍。你工作压力大，硬着头皮，天天被打得晕头转向可又清醒地知道社会现实，还有比这更惨的吗？有什么比清楚自己面临危险的处境可毫无办法更难受的吗？就像踩了个地雷。你动你试试，不动怎么办？

这个年纪不像之前，也不像之后。

二十多岁以前你不需要面临那么多东西，你也不必去给社会证明什么。

三十岁之后，人一般经历了很多，就算社会不认同，自己也可以坦然面对。

可是二十几岁不一样，你觉得还有机会，又不知道机会在哪。这就像赌博一样，输赢未知，躁得一头汗。所以这个年纪是极尴尬的年纪。

而最最重要的是，二十几岁是个承受世界恶意的年龄。

你小的时候可以不在乎。

但是二十来岁就不一样了。你已经被推到了成年人这一边，你免不了要和恶人打交道，有些东西你是跑不了的。但是成年人的世界就是这样，而你才二十几岁，大脑刚开始高速运转，又谈不上智慧成熟，所以你需要面对这个社会各种的不怀好意，有随时"死机"的危险。

因此，二十几岁是非常艰难的时期，可很多人常常忽略年轻人的感受，觉得他们懂得什么是痛苦。正如我开头所说，这些人的痛苦被无限延长了。原因就是很多该二十几岁解决的问题，都没给解决。我在这里不想熬"鸡汤"，我厨艺很差。我要说的是，如果二十几岁能解决的问题，就不要拖到以后，虽然成功与否是件运气主导的事情，但人的努力还是有些许作用的，凡事尽力而为，能解决一点是一点。

希望对大家有所帮助，如果有一天你到了三十岁，感觉生活失败，希望你记住我最后说的话你尽力了，解决了多少，有什么遗憾，都不怪你自己，毕竟你那时只有二十几岁。

［本该创造自己价值的年龄就别想多了其他］

女孩来给我说了一大堆心事，几乎全是那个男孩如何如何不好，自己又是怎么怎么放不下，我问："你多大了？"女孩说："21岁，大三快结束了，我打算考研，但男友不同意，希望我一起去他的城市工作。"

女孩的爱情看起来也像是爱情，可又算是哪门子的爱情？男友动不动就说分手，每次都是女孩去哀求。女孩出身农村，家境贫困，她自己却很是努力。寒暑假不回家，打工赚来的钱给男友买苹果手机。身为小镇青年的男友也不是什么有钱人，他堂而皇之用着女友的钱玩游戏。

"你到底爱他什么？"我的问题，女孩沉默许久也说不出来。女孩还有弟弟在读高中，也是个成绩优秀的孩子，父母只能依靠种田和打零工支撑两个孩子的学业。女孩说："我妈想要我毕业后能赶紧嫁人有个依靠，能帮助弟弟和家里。"

我回答："你读北京的一流大学，成绩即便不能保研你也能考研，你的生活费用三年几乎都靠自己做家教和打工得来，还能给家里寄钱接济弟弟读书。比起同龄人你是多么独立且强悍，现在却要把自己和家庭未来的希望寄托在一个'渣男'身上。别再跟我哭哭啼啼了，再不复习考研就真的来不及了。"

任何时候都要记住：身为女人，在男人面前低声下气的样子最难看，自己照照镜子都会感到面目可憎，说不厌烦，都是假话！太年轻的爱情不叫爱情，那只是荷尔蒙。父母一代贫穷的烙印即便深入心底，受过现代教育，博览群书的我们也该有足够的勇气学习和跨越阴霾。

"穷怕了"三个字，迈不过去一生就只会是个穷人，没有眼界就看不到机会，没有被利用的价值就只能活在底层，钱终究不是省出来的，省出来的银行卡都带着心酸和痛苦，花一点都像挖心挖肺。迈过去了才会有真正的改变，而这样的改变里一定包含：合适的爱情、好一点的生活条件、更多一点的财富、更自由的选择，赚钱是证明自己的能力，花钱是为了让钱高贵。

没有人承认自己无能或是懒惰，却还有些女人明明有着强大的基因，却偏偏被找男人、结婚、生孩子束缚了原本可以比男人飞得更高的心。既然拼不了爹妈就拼自己啊，二十多岁是用来脱贫的，不是用来忙着脱单的，你以为以你贫穷的样子就能加入豪门变凤凰了吗？别傻了，遇来遇去都是自己的同类。如果你改变不了自己，就只能自己认命。

小Q今年29岁，这几年好像除了忙着找男人嫁人，就没了什么别的事情，不是在咖啡馆里相亲，就是在去相亲的路上。有一天要去谈公事，约好下午两点，她两点半才睡眼惺忪出现在公司楼下的星巴克里。

多年体胖不改，初夏季节穿了件宽大的长袖针织衫，大概是趴在办公桌上睡觉的原因，她蓬乱的头发上还沾着纸屑。我还没说话，她就先来一大堆抱怨，薪水低要跳槽，问我有没有什么好去处。这让我再也没有谈合作的兴趣了，只看她糟糕的外在，就知道内在也极度不靠谱。

小Q工作七年，月薪还在五千块晃悠，合租六环外一间不到十平方米的小屋，每天花三小时上下班，错过了地铁就回不了家。她说："我也想多赚钱，可就是没有遇到好机会，女人嘛，能找个好老公嫁了，好好过日子也不错啊。"当然，她说的这个"好老公"一定是有房、有车和有钱的，最好还有北京户口。前段时间有人给小Q介绍了个，一听人家月入一万元，小Q就摇头嫌太少了。而另一面，人家一看小Q的照片，就把头摇得更像拨浪鼓。

小Q的朋友圈里也是好几百人，一有点事就刷屏，还有很多自己如何省钱的攻略和经验，各种团购和抢购，各种转发和优惠券。她说："男人都喜欢会过日子的女人，再看你的朋友圈，太贵，别人根本养不起啊。"

小Q目前的状态就是想改变又无能为力，她问我："我有时候也会打鸡血想换份工作加油努力，可就是坚持不了几天怎么办？"我回答："懒病无药可治。"我知道她听了也无动于衷，坚持能找个有钱又帅的男人嫁了才是正事，却唯独不想着自己快三十了还没有脱贫，甚至还没有正常一点的生活状态。

再优秀的女子都有更优秀的男人趋之若鹜，再贵的女子都有更贵的男人敢娶，人家至少旗鼓相当才有信心和能力把日子过好。反之亦然，你是什么样的女人就会遇到什么样的男人，能最终走进一家门还就是离不开的，都是一路人。

二十多岁不努力经营自己，该成长的不成长，该脱贫的不脱贫，却用来急着恋爱和嫁人，结果呢？三十多岁就被生活琐事、孩子房子、婆媳关系纠缠，发现钱还是不够用，男人没用又想着去拼孩子，试图老了沾点光。四十多岁自己就成了黄脸婆，夫妻关系陷入冷漠薄凉，丈夫出轨，孩子叛逆，甚至连性生活都已经偃旗息鼓。

这是一个女人不努力，不自省，不改变的人生写照，这也是很多女人正在走的路，每天都想着靠男人提携自己，靠婚姻改变命运，就不看看自己到底有多少价值值得男人奉若珍宝，值得孩子尊重崇拜。

生活中也有二十多岁经营自己，三十多岁经营事业，四十多岁照样谈恋爱，甚至五十多岁还能再披婚纱的女子，人家精彩的背后个个都是十二万分的拼命，才获得了命运的垂青。你越是优秀，就越是想爱就能爱，想嫁就能嫁，你离开谁，谁离开你，你都可以过得很好，就谁也不舍得离开你。

你为什么穷？又为什么无力改变？该读书的时候想嫁人，嫁了人发现还是穷命，穷又会更懒更无力改变。别怪父母穷了一辈子没给你创造好机会，你还在把爹妈带给你的贫穷烙印展示给众人看的时候，说什么爱情和幸福，格局和人脉就都是个笑话。

　　姑娘，二十多岁是用来脱贫的，不是用来脱单的，该读书就好好读书，为自己拼个好的将来，该工作就努力工作，为自身创造价值，唯有你好了，你才会遇到更好的人。成长的路上，你只有去勇敢承受命运给你的每一记耳光，才有福消受命运还给你的每一次拥抱。

别天真到以为谁都要宠着你

前段时间，看到知乎上的一条回答，关于"要不要跟上铺的孕妇换位置"，有个姑娘的回答让我记忆犹新。

她说，一个孕妇，出门的时候自己不小心，不能多刷几次票吗？不能让家人去车站坚持买下铺的票？怎么能这么草率地把自己和孩子的安全就托付给陌生人的善意？你有什么资格去损害一个陌生人的利益，要求别人把他的座位平白无故地让给你？就因为你是孕妇你的需求比较正当吗？

突然想到，很多人找人帮忙的时候，同样是如此，大都抱着一副"因为我需要，所以你应该给我""我是弱者，我现在急需，你为什么还不满足我？"

如果你拒绝她，那就是你自私，你冷漠，你没有人性，恨不得站在道德制高点上将你打上坏人的标签，供众人唾骂和攻击，好像这个世界，是因为你的存在，才变得如何冰冷和现实。

但是，凭什么呢？

最近一直在看蒋勋的《蒋勋说红楼梦》，年少时候看这部书，只关注到了黛玉、宝玉和宝钗之间纠缠不清的小儿女爱情故事，到了这会儿重新看蒋勋的解读，才意识到，这部书里，作者花了很大的篇幅去描写除了风花雪月之外的一些底层人民柴米油盐的心酸人生。

其中说到，贾府有个很卑微的年轻人贾芸，他幼年丧父，被舅舅霸占了家产，跟着年迈的母亲一起生活，经常找不到工作，家里连饭都吃不上。

贾芸想去巴结王熙凤，求凤姐给自己一份工作糊口。

到了第二天，贾芸又到门口去等凤姐，因为他之前去拜托过贾琏，却并没有成功，凤姐这会儿就嗔怪他，原来你昨天送我冰片、麝香，是为了找工作。

贾芸马上就说："求叔叔这事，婶婶休提，我这里正后悔呢！"他的奉承，对于王熙凤来说，正好受用，因为她觉得有面子，她喜欢听到别人说，自己比丈夫能干。

在《红楼梦》里，贾芸并不是主角，只在几个章节里出现过。他身份低微，家境贫寒，也正是这样恶劣的环境，才让他早早地就看穿了人情复杂，学会了如何从困境中挣扎出来的生存法则。

蒋勋在书里说，贾芸是一个情商很高的人，对于一个没有背景和资历的人，这种高情商，让他得到了工作机会，并且能够很好地跟周围人处理好关系，甚至在贾家颓败了之后，贾芸也生存了下来。

也只有情商高的人，才能关注到对方的需求是什么，知道该怎么说话，怎么提出自己的需求而不会被断然拒绝，让对方心甘情愿地满足自己的要求。

而那些情商不高的人，永远只在意自己要什么，然后直接去跟人要，要不着，就是对方不厚道，世界太黑暗，社会太现实。

认识一个哥们，自己要买房结婚，借遍了一个朋友圈，有些人架不住他再三地请求，明明自己不宽裕还是借了。背后跟我吐槽："我一直以为我这么穷而且跟他真的不熟，肯定不会被他盯上，没想到这哥们还是在QQ上跟我开口了。"

他从来不去考虑，自己的要求对别人来说，是不是很为难，甚至明明知道自己的要求会占用别人的时间和精力，甚至有可能造成对方金钱上的损失，还是毫不犹豫地提出来，丝毫不会从对方的角度想一想，别人为什么要去为你做这件事。

我是个不是很愿意去麻烦别人的人，大部分时候，都觉得自己能解决的事情，就自己想办法解决，如果不能解决，再去想想可以找谁帮忙。

而在跟人求助之前，一定要注意的事情是：

1. 态度一定要诚恳

找人帮忙一定要摆出找人帮忙的态度，别明明是麻烦人家，还移花接木企图蒙混过关，告诉人家你有个好处什么的。

我遇见过有的人，明明是拜托我帮他写书评发文章推广新书，还跟我说，我有一本书，看完后你肯定能写出一本特别棒的书评，发了绝对能上豆瓣首页，我可以免费送你！

拜托，能对别人的智商稍微表示一下尊重吗？

2. 考虑对方是不是方便

工作中遇见棘手的事情需要求助，跟同事讨教，人家忙得头脚不沾地你还拉着他纠缠不清，这就叫没有眼色。

如果你确定谁能给你提供实际的建议，老实给人留言：我知道你这方面比较有研究，找你会比较靠谱，我有些问题想要讨教，请问你什么时候方便？

不仅仅是时间，还需要明确一些界限。大家虽然是同事，但说到底也是竞争关系，追着人家问，别人是怎么搞到大项目的，有没有合适的资源可以介绍给你，那人家大概只会默默地不想理你吧。

3. 表达恰到好处的谢意

默默观察他的朋友圈和其他社交网络，找一个合适的机会，给他想要的东西，能够透露出你真的在关注他，对他很用心。

或者，在他有需要的时候，第一个挺身而出。

人和人的关系，说起来复杂，而其中不变的一点是，只有你真的用了心，别人才能感受到。

所谓关系，只有对人付出关心了，才会一直保持联系。

4. 能用钱解决的事，别刷脸

脸可以刷，但最好只能用一次，而且，还得用在最关键的地方。

真是关系特别好，那也就罢了，可是大部分人开口刷脸的对象，跟自己都只是几面之缘。

明明公司有预算，找人写软文，还不肯给钱，口口声声说着，我们这么熟了，就帮我写个吧，刷自己的脸，去完成工作任务，其实是最得不偿失的一件事。

明明可以请搬家公司，却一定要占用朋友周末的休息时间帮自己搬家，省下几百块，把朋友和自己都累得半死半活，又何苦？

出去旅游，住个快捷酒店也就几百块的事，却偏偏要住到并不是特别熟的朋友家里，被拒绝后，还愤愤不平到处跟人吐槽朋友小气自私连张床都不肯借。大家都是成年人，需要自己的私人空间，你和人家关系没到那份上，别人并不欢迎你住他家而已啊！

请设计师朋友帮自己设计个logo或者广告图，请会写字的朋友帮自己写文案写招聘写软文，该给多少给多少，别总觉得自己有个朋友拥有什么技能，不去占点便宜替人家用用技能都是对不起他。

喜欢占人便宜，大概是人类的劣根性之一，但是，更多的时候，热衷于占小便宜的人，往往讨不到什么大的便宜。

我们如今的生活，要比贾芸好很多，不需要像他一样，在十几岁就懂得察言观色，学会谋生之计。但是，对于大部分人来说，如何用正确的方式去掌握向人求助的技能，得到自己想要的，又不招人烦，确实需要花费漫长时间去学习。

  最简单的，在跟人开口求助的时候，在心里默默问一问自己，你想找人要什么？别人凭什么给你呢？

  毕竟，别人也不是你妈，没理由惯着你不是吗？

[珍惜当下，
谁都无法重走人生]

每个人只能活一次，我们这辈子并没有机会重走人生。

有个朋友很焦虑地跟我说，她最近心情不太好，诸事不顺。除了家里的事情，还有感情问题，跟她聊了几句，感觉整个人都愁云惨雾。我同情心强，听得差点要跳楼了。

说实话，我身边有一些同龄朋友，这两年感觉都染上了焦虑症。

二十五六岁的女生焦虑自己单身，父母催婚。她们觉得自己年纪太大太危险，一边怀念自己无忧无虑、满脸胶原蛋白的十五六岁，一边时刻眉头紧锁，每天就琢磨着去哪里活捉一个"吴彦祖"回来拜堂成亲。我看在眼里，急在心头，不是担心她们过两年就不得不冷冻卵子，而是这种负面状态，再持续下去恐怕要进入早更的节奏。

而二十五六岁的男人，事业刚起步，一穷二白，每天嘀咕的则是去哪里不费劲就能搞点钱回来，抱怨自己为什么还没活到能在社会上站稳脚跟的年纪。

但是说实话，在我看来，二十五六岁的男女正当时。就好像清晨的露珠，等待了一晚上的厚积薄发，在叶片上呈现将滴未滴之美；又好像盛放的野蔷薇，在短暂的花期里，拼命似的散发出馥郁的香味。

十八岁以前，我们整个人就围绕着家与学校连轴转。穿着朴素，潜心学习，就朝着大学这唯一的目标迈进。那时我甚至曾幻想偷了父母的钱远走高飞。我看着商场里的昂贵裙子恳求父母也没能如愿，怕被骂不务正业，半夜挑灯夜读看坏了眼睛。暗恋一个人却没能到承担后果的年纪。全部经济来源都是父母，心与身体都没有绝对的自由。

　　三十岁以后，我们有了家庭，事业也处在上升期。一颗心系在事业、伴侣与自己的孩子上，男人担负责任重大，女人愈加年老色衰，这时候生活才真正抖搂出它的威风来：急迫又严苛，容不下任何一个和稀泥的角色。要活得有尊严，你不能停留，只能不断前进。

　　然后一眨眼恍惚中，我们就老了。老到腰也弯了、牙也掉了、眼也花了、手也抖了，老到做什么事都被人嫌弃，老到不知道活着的意义，老到不知尊严为何物。

　　这样算来，一生中最美的还是二十五六岁。人的一生里，没有比这更好的年纪。

　　在这个年纪里，我们有能力自己挣钱买花戴。

　　审美比年轻时也不知道提升了多少个段位，皮肤与身体正是巅峰的时候，经济不窘迫也不辜负刚绽放出的成熟之美。

　　脱离了父母的管辖范围，肆意透支健康居然也没有受到身体立竿见影的报复。可以光明正大地爱一个人，享受着倒计时的二人世界。单身也好，没有负担和束缚，游戏人间也没有道德包袱。

　　在这个年纪里，就算我们跌跌撞撞，一路荆棘满布，好在爱得敞亮、哭得淋漓，也不枉费青春一场。

　　二十五六岁的我们，终于在灵魂里获得了绝对的自由。

　　所以你跟我说你焦虑？

　　在这么美好的时光里焦虑，简直是暴殄天物。

你犯了滔天大罪，除非把每天都过得像打了鸡血，否则难平我心头之恨。

毕竟最好的时光，荒废了也就没了。

每个人只能活一次，我们这辈子并没有机会重走人生。

迎着阳光走出门

他拎着一个破烂不堪的塑料袋，袋子里空空如也，满脸怒气冲冲出现在咨询室门口。

他是今天的来访者巧南。

"你需要帮助吗？"我看着这位年轻的来访者，语气柔和地问。

"不知道！"他的回答依旧藏着很多怒气，眼珠子似乎在看我，似乎又在我注视他的时候，不好意思地躲，开看向别处。

我意识到，他的愤怒情绪依旧还在，但很显然，这怒火并非针对坐在咨询室里等待来访者的我。

于是，我从沙发里直起身来，放下我的书，很自然地倒了一杯白开水，也为他倒了一杯，然后递到他面前。

他愣住了，站在那里，不知道是接还是不接，眼神瞄了瞄我依旧微笑的脸，恍惚间出现了几分尴尬。

我招呼他进来坐下，他喝了一口水，有些悻悻然垂下头，"你怎么都不生气？"

"你认为，我应该生气吗？"我在揣摩他的逻辑。

难道在他的世界里，有人伤害了他，他是那种一定会十倍奉还的人？那么这愤怒又从何而来？

"你不该生气？"他像看怪物似的看着我，但很快又颓然道，"我想，我的确需要帮助——我的问题是，我……我时常会控不住我的脾气，然后，常常为我的愤怒买单。"

"那你是如何看待那个时候的自己的？"我问道。

"以往，我总认为，我身边的人，都应该理解我，所以，那些情绪，既然理解，就该承受。但后来，随着时间的流逝，一些经历，让我逐渐意识到不应该，没有人生来就该为我的坏脾气买单的。可我不发出来，我感觉我快要炸了，您了解吗？"

"但肆意发泄，你又感觉不妥当了，是吗？"

我的话音刚落，他就点点头，然后告诉我他来此之前，本来手里提着一袋苹果，可因为接了朋友的一个电话，对方并没有按照他期待的安排来配合他的合作计划，他就控制不住地想要乱发脾气，而对方也为此挂了他的电话，让他简直怒不可遏了，猛地把手机摔在了地上，还不分时间地点地叫骂一通。他实在是太气愤了，横冲直撞地行走，把塑料袋勾破了，苹果撒了一地，那一刻，他感到这个世界上所有人都在嘲笑他……

"你原本是期望怎样的发展？"

"我期望，我的朋友一打电话过来，我就能收到好消息，我们的合作计划顺利实施了，我不希望有任何耽误。"

"你不期望你的思考规划里有任何改变或打破你的期许，是这样吗？"

他拼命点头，斩钉截铁道，"是的，很不喜欢，我就喜欢什么都顺顺利利的。"

"可实际上，那只是你的思想，不是现实，现实是会改变的，对吗？"

他想了想，"对。其实我知道，现实是真实存在的，它不会随着我的思想而改变，我无法用我的思想控制现实的变化性。"跟着，他脸上的挫败感更深了一层。

"对，其实你明白这个道理，但你的主要问题是控不住脾气而已。"

"那我需要怎么做？"

我笑起来，"您需要建立一个转移计划小便条随身带着。"

转移计划小便条，即针对那些容易控制不住脾气的人专门定制，这需要当事人选择在平静的时候，为自己创立一个转移注意力的行动小便条，上面可以写出自己想要尝试的一些事情。这种转移与自我抚慰的办法可以有效将自己从愤怒几乎快要失态的情况中拉出来，在感觉有一点愤怒在心中激荡时，就赶紧拿出来看看，然后选中其中一项来实施。

下面列举几种常用的"让坏脾气消失的法宝"：

——尽快回忆过去一些难忘又愉悦的经历。尽可能想得仔细一点，譬如当时吸引住你目光的美好的细节和瞬间，那些具有"吸引力"的事物都有什么颜色、气味、触感？当时曾给予你什么样的感受？

——如果在街上或公共场合，就赶紧抬眼看看四周或窗外，在远处能否找到美丽的人或事物并观察他们或它们，如果找到了并开始专注于他或它，那么思考一下，他正处于什么状态，那或许有什么背后的小故事呢？

——保留一份你最喜欢或最崇敬的人的名人名言，想愤怒的时候，就拿出来看看，读读，想象一下，如果你总有一日，也能站到他那样的高度，成为他那样的人，他在这个时候，会怎么做？会简单粗暴把自己和周围的环境变成原始丛林吗？嘿，不会是吧？你又不是傻子，所以闭上眼，想象这个时候，头顶出现一处祥瑞的光芒，开始照耀你，抚慰你，把你周身的不痛快能量都照耀得无影无踪了，你会越来越完好。

——是否很久没有新的兴趣开发了？没有吗？就去想一个，一个就好，哪怕是类似把花盆里的土翻一翻的小事。

——做家务，譬如把一大堆家里人的衣服都洗了，晾在阳台上。

——洗个热水澡，顺便把头发也洗了，吹干。

——把你的皮鞋檫得锃亮。

——如果被困在一个小环境里，就数数，数你的呼吸，听你的呼吸声，静静的，然后感觉你身边的气息。

——调动你的嗅觉和味觉，闻一些安神香薰或干脆去你中意的美食店闻一闻那里的食物香气，顺便猜一猜这道菜都有哪些食材和香料，然后大快朵颐吧，只要不怕胖。

——调动你的听觉，听纯音乐，可以听类似班得瑞的亲近大自然的音乐，想象你在那样优美的环境里自由徜徉。

——调动你的触觉，放一块玉石在裤袋里，轻轻抚摸那顺滑的质感，去感应玉石的内部天然的构成，谦谦君子如玉。或做做自我抚慰的按摩，按摩你的手掌、手臂、肩头，甚至是抱抱自己。

……

如果你已经阅读过我的转移小便条，那不妨回家制作你自己的吧。然后在以后还想发脾气的时候，拿出来，选中一个，在上面用铅笔打一勾，立即去实施，你会发现，坏脾气不翼而飞了。

巧南离开的时候，顺便借走了我的小便条，他打算选择去喝一大杯热巧克力这类放松性饮料，在他情绪平复之后，再找个时机给朋友打电话，问一下可否修改合作计划。

"下一期您讲承受痛苦的高级技巧的时候，我能来听吗？"

"Ofcourse."我保持着淡淡的笑意，和他一道，迎着阳光走出门去。

[真实的生活，才不枉你曾年轻]

大学毕业的那个六月，睡在我上铺的姑娘说，大学最遗憾的事情，就是没有男生骑着单车在宿舍楼下等她。曾经以为大学四年很长，长到可以被各式各样的男生在楼下等，长到那些小情小爱足够走到地老天荒。然而，一恍惚，大学四年就过去了，竟都未曾实现。

我做驻外记者以后，回来休假的某一年，和大学生做交流。有一个大四的男生和我说，他也想去国外工作，可是大学四年的时间都已经浪费了，什么准备也没做，本专业没学懂，英文说不好，现在还来得及吗，该怎么办？

而等到我驻外回来，我27岁这一年，和一个90后的师妹吃饭。她说："师姐，我发现研究生读完竟然二十几岁都过了一半了，还要找工作，还要结婚，还要生二胎……"

我们都曾经以为二十几岁是很长很长的，长到好像永远都不会过去一样。或者说，至少二十几岁，和我们生命中任何一个十年一样，它至少有整整十年。而十年，在年轻的我们看来，是一段特别长的日子。

但残酷的现实却并不和我们想的一样。对于大多数的我们来说，二十几岁就好像只有三年。一年在大学里无所事事，睡着懒觉逃着课；第二年在茫然惊醒中海投简历，租房子赶地铁；第三年做着不喜欢的工作，待在不喜欢的城市，在七大姑八大姨的催促下发现都该成家了呢，然后浑浑噩噩，竟然就要三十岁了。

当我第一次意识到二十几岁并没有十年的时候，我24岁，有一份稳定的工作。这一年，我有一个机会去拉丁美洲驻外。很多人说，你这么做代价太大，等你回来，就没有时间了，三年回来你都二十七八了，三十岁之前结婚生子可算是要完不成了。

那是我第一次听说，对于一个24岁的姑娘来说，要去远方，已经没有时间了。二十几岁，要工作、要赚钱、要贷款买房、要结婚生子，这些都需要时间，并且排得满满当当的。二十几岁的时光竟然是如此紧张，好像分毫之间，一个不注意就要溜走了，好像它根本就没有十年。

敢不敢出发，敢不敢放弃国内"听上去很好"的安稳，敢不敢去那么遥远的大陆，敢不敢冒着失恋的风险，敢不敢拿女生最美的三年去换一个未知的未来。我在各种权衡以及焦虑中，发现这个世界以及时间，对女生来说都太残酷了。

后来，我坐着防弹车去贫民窟，独自住在亚马孙雨林深处的木屋里，在一场盛大的狂欢节里痛哭，在牙买加混着酒精和荷尔蒙的音乐里对自己说生日快乐。那些美妙的时刻，如同里约热内卢升腾而起的烟火一样，照亮了我的二十几岁。

在这一路上，遇到了很多人，也遇到了很多二十几岁的姑娘，听到了很多故事。关于远方、自由、爱情、工作、旅行还有世界。三年，巴西、阿根廷、秘鲁、厄瓜多尔、牙买加、哥斯达黎加、委内瑞拉、古巴、智利、巴拿马甚至是苏里南，我走过了一张拉丁美洲的地图，渐渐觉得二十几岁好像真真实实地过了这么几年。

有时候，我们面对机会，如果没有意识到二十几岁的珍贵，没有算过关于时间、关于年龄的数学题，那么面对结婚大军、稳定大军的袭来，你很有可能不那么选，很有可能和上大学时候觉得四年很长一样，选择睡懒觉，选择逃课，到大四才恍然大悟，开始用"早知道……"这个句式。

在圣保罗，我认识一个86年的姐姐，南方女生，清秀美丽。一次饭局，我讲起一些拉丁美洲路途上的故事，她充满羡慕地看着我说："我只比你大两岁，但我都想不起来我在你这么大的时候都在干什么。"这个姐姐大学毕业就结婚了，她只记得她毕业以后就一直过着全职主妇的生活，但是张口要描述，却想不起来这些日子都是怎样飞速流走的。

而我驻外以后，清楚地记得每一个月是怎么过的，去了哪里出差，见过什么人，拍了什么样的故事，可以从一月数到十二月。而不是在写年终总结的时候，发现今年和去年的差别就是又过了一年。我才知道，如果你选择和时间较劲，那么二十几岁就会有十年；如果浑浑噩噩，那么二十几岁可能真的连五年都不到。

每个人都有选择的权力，而我丝毫没有排斥全职主妇。我在巴西最好的闺蜜，也是个全职主妇。Aline是圣保罗大学主修国际关系的研究生，也是本科毕业，就跟随做生意的老公来了巴西。不同的是，来到巴西以后，她苦读语言，很快学会了葡萄牙语，通过各种争取和朋友介绍，开始在圣保罗的孔子学院教中文，后来申请了圣保罗大学的研究生。

作为本科学了四年葡萄牙语的女生，觉得在巴西读研尚且会有困难，而Aline一个学了不到一年葡语的姑娘，却成功进入了需要看大量葡语书籍的国际关系专业，并且申请到了全额奖学金。她经常比我这个常年东奔西跑的人还要忙，在圣保罗约她吃饭，听到的回答总有惊喜："那我们约晚上吧，我下午钢琴课完事了去找你。"

Aline的二十几岁，虽然也是全职主妇，但她过得光芒四射，她想得起来这二十几岁的每一天。

生活只在于我们如何选择，既然我们都会做数学题，加加减减一定会发现，时间真的没有我们想象的那么多。

愿我们的二十几岁都真真实实地，过足了十年。

很多东西，都在等一等中错过了

2013年夏，水蜜桃小姐顺利地从大学毕业，毕业照刚刚拍完，大家喝喝酒，唱唱歌，痛哭流涕一番后奔赴未知的社会。

而水蜜桃小姐毕业后，忙不迭地去找关系，做起了兼职。两个月的暑假，一个月用来辛辛苦苦地做兼职，剩下的一个月，她和好闺蜜买几张高铁票，去上海、北京、青岛游玩。山南海北地一路逛过去，住廉价实惠的宾馆，吃当地有名的美食，然后拍了各种很好看的风景照和很帅气的个人自拍。

后来，他把这些照片洗出来，用相框装裱起来，挂在卧室的床头前。朋友看到照片中，她在夜幕中流光溢彩的水立方旁边的笑脸，看到她在长城云端爽朗的笑容，还有青岛碧海蓝天中张开的双臂，忍不住感叹，大学生活过得好丰盈！

换句话说，就是，生活过得这么有品位和高质量啊！

可是一阵羡慕后，又感慨自己当初在干些什么呢？想来想去也都没有什么印象，估计正在沉醉于刷剧，逛淘宝，做些无聊的事上。

但他们转念又为自己解脱：当初自己还没找到工作，哪有什么消费能力啊，当初天气那么热，躲在家里多舒服啊。然后为自己找了一堆的借口。

于是他们停住脚步，什么都没敢尝试，什么都不敢追求。多年之后，记忆苍白，徒有羡慕他人高品质和有品位的生活，但那永远都是别人家的生活。

其实，水蜜桃小姐家境一般，但又想给自己的大学生涯留下点值得念想的记忆。于是她推掉没有意义的活动和无休止的刷剧，一边努力地做兼职，一边为自己不久后的奔赴千里做打算。

也有人认为她很苦，说辛辛苦苦挣的钱，去买点衣服，吃点零食，省去了跑去远方的诸多麻烦，多好。况且，诗和远方都是有钱人做的事。

但她却很高兴，说，但我用自己的能力去赚钱，并无依靠和麻烦他人，做了件自己很想做的事。我认为这件事很有品位，很高大上，我生活得很爽！

我想，还有什么比这个更牛，更值得骄傲的呢？

而奇葩说里有一集，是关于年轻人要不要穷游的辩题。我很赞成里面的一种观点：年轻时没有钱，就多吃点苦。因为吃苦就是你年轻时的资本和底气。千万不要因为自己缺钱，或者嫌麻烦，而对自己想过的高质量生活望而却步。因为你反正年轻，吃点苦又算什么，只要你肯努力和上进，未来一定不缺钱。但如果等到你有钱的那个阶段，再想做起年轻时想做的事，你却已经青春不再了，也已经没有了当初那么多的和时间和激情。

有些人总喜欢说，等一下，未来总会有的，如今干嘛这么着急。但很多东西，都在等一等中给错过了，都在缓一下中变了味。

高质量和有品位的生活也是如此。

而有人会问，什么才算是真正意义上的高品质和有质量的生活呢？

我觉得很简单，高品质而有质量的生活，不仅外表光鲜亮丽，更是内心丰盈充实。但这一切的前提，都是以你喜欢和想要的生活为起点。

而水蜜桃小姐的生活即是如此。

而很多人会说，自己的生活之所以不丰富和没有品位，是因为自己完全是一穷鬼啊。你看人家有钱的，可以随时买张去远方的火车票，选各种名牌衣服，买各种款式的化妆品，吃的是各类豪华餐馆。

而自己呢，穷得兜里比脸还干净，所以只能逛淘宝和小地摊，吃的也是路边烧烤，化妆品都要货比三家，看哪个更实惠，哪有什么高品位和高质量而言。

其实，淘宝购物和路边烧烤的体验未必就不快乐，有些人依然能从此中得到乐趣。生活的品位和丰富性不是用钱来衡量的。比起钱能解决的东西，你更应该注重自己的精神世界和内在的一些东西。

其实，我们大多数人都身处穷困的阶段，或曾经有过那么一段穷苦的日子。在那些日子里，即使外表不那么光鲜亮丽，你也要努力地把自己的内心装扮得丰盈充实。

你穷，就多努力打拼，生活会慢慢变好，你不会一直这么穷下去。而重要的是在那些穷困的日子里，如何修炼自己的内在修养和气质才是重点。

有人说，人丑就要多读书，而我想补充一句，人穷就该多读书。当然，读书是泛指，它更多意义上是指要不断地学习，提升自己的价值。它让你修炼自己的气质和涵养，让你认清自己，学会思考，从而有所上进。

我一朋友，刚大学毕业不久后去了一座小县城工作。刚开始工资少得可怜，住的是租赁的廉价房子。幸运的是，男朋友陪在她身边，两人一起努力打拼，努力经营自己的未来，所以生活逐渐好转。前不久，两人在郊区买了套宽敞明亮的房子，定于今年年底结婚。

当然，我想说的不只是这些，我想谈的是这位姑娘。姑娘家境平平，早期日子也过得拮据，但举止谈吐间，很有气质，说话也有范儿，完全不像穷养的，一点儿都不寒酸。

后来了解到，姑娘在大学期间读了很多书，每年寒暑假都要在图书馆借上一大堆书带回家翻看，所以和人谈吐之间，气质外露，给人的感觉是聪明、大方。

而姑娘的外表和穿着，看着也让人惊艳。衣服搭配得时髦而知性，化妆化的一流，整个人看上去落落大方，很有魅力和气场。

姑娘解释说：衣服搭配和化妆是一门技术，而我是自学成才。

大学的时候，周边的很多女生都会犯懒，每天把大把的时间用来追泡沫剧，为里面的狗血爱情深情掉泪，为男主角的帅气气质深深迷倒。但我想，那样你就会变漂亮了吗？那样你就拥有自己想要的爱情了吗？当然不会，既然如此，你想要变得漂亮有气质，就应该付诸行动，努力提升自己的内在和外表，让自己变得更优秀。

于是，我开始在网上学习各种衣服搭配技巧，脸型和发型的搭配，以及如何化妆来弥补自身外表的缺陷。我熟知各种化妆品牌子和功效，太贵了的，就买便宜点的，衣服买不起名牌的，但也可以根据自己的身材，挑选有范和个性十足的。我之前是个土鳖，土里土气的，但一年下来，我就摇身变成了时髦达人。

而我觉得，光是改善外在还远远不够。我开始参加适合女生的俱乐部和活动，像瑜伽、健美操、舞蹈等等。当然，更重要的，是开始读了更多的书。因为这些会提升你的气质和涵养。而你的生活能否过的有品位和高质量，不是说你有多少钱，完全是由这些因素决定的。

我在心里默默地点赞，频频点头同意。

姑娘继续说：而我一直觉得，我们周边，没有所谓的丑女人，只有懒女人和不懂得提升自己价值的女人。而只有内心充盈丰富了，你才有配得上更高品质、更高质量生活的能力。

而你的精神见地和思想境界，往往决定你的生活品质和未来方向。

所以说，高品质和高质量的生活，有时不是钱能说话的。如果一个人有很多钱，但内心并不丰盈，气质和涵养也不高，不懂得如何更好地生活，那么他不是暴发户，就是守财奴。那样的生活，难道是你想要的？

而你如果有情趣，懂生活，内心丰富，即使你如今身处穷困的日子，你依然能活得有滋有味，丰富多彩。

所以说，你所谓的高品质、高质量生活，其实是一种体验，是一种态度，是一种即使在不那么光鲜亮丽的环境里，也依然能有和生活握手言和、相安无事、追逐自己想要的生活的勇气和魄力。

这比什么都重要！

谁说三十一定要立

三十而立，在如今社会是个伪命题，因为在大城市，过了三十，一般都"立"不起来。所以，或许我们要用新的角度去诠释——三十而立，不是立业，而是立志向。

我的直属领导Effie是个爱折腾的职场女强人，毕业后在麦肯锡一路做到了高管，然后跳到甲方公司华润香港去当总监。本可以舒舒服服过养老的日子，结果又辞职，加入互联网金融这个风口；肚子里怀着第二个小孩，还保持着一周一飞的节奏。

前几天她参加了上海交大同学会，和我说现在的同学们多么神气。我说，同学会嘛，永远都是一些人高调装蒜，另一些人在低调秀优越，伤害对方又伤害自己的场子。

她说这一次没有，像她们这年纪，这辈子能飞黄腾达还是平平庸庸，已经能看透。混得出来的，在稳定的快车道；没混出来的，也看开了，家有老婆孩子，有房有车，孩子能上得起学，没有大富贵，也有小日子。

"你都不知道上一次同学会，六七年前，当年我们都差不多三十岁，那时候，大家都好焦虑，事业，结婚，生孩子，尤其在大城市里打拼的，更加明显。"

她叹了口气。三十岁左右，真是一生中最焦虑的年纪。

我咽了口水，突然觉着气氛不对，四周的空气变得凝重，车子变得沉重。艾玛，这说的不就是现在的我吗，我确实好焦虑啊。

去年写过一篇文章，说毕业五年决定你的一生。当时也许有些偏激，因为这两年自己的职场转型，也算是实现了弯道超车。但现实是，毕业五年也许决定不了一生，却基本上决定了你未来的走向。三十岁后，人生逆袭的天花板开始收窄；职场的其他条赛道开始闭合，只看得到自己眼前的那条。

这时候惊恐地发现，这条赛道看上去并不美好，路上坑坑洼洼，一路艰辛；赛道也并不开阔，自己无法施展身手；更糟的是，赛道未来轨迹并不大幅上扬，似乎很快就要走到尽头，甚至出现抛锚的风险（所谓职场的天花板）。

三十岁出头的我们，有吐不完的槽，装不完的蒜，但装完蒜后我们还要还房贷。而更多人是三十岁还买不起房，连当房奴的资格都没有。

活在青春尾巴的我们，看着自己开始发福的身体——还能换赛道吗？能不焦虑么。

于是只能用诗人歌手李健的话安慰自己——嗯嗯，我觉得男人三十而立这个说法是不对的；现在社会，男人四十能立就不错了，嗯，是这样的。

所以这时候我们要问自己一个问题：毕业后的这几年，我们都在忙些啥？毕业时说好的要赢取白富美，走向人生巅峰的节奏呢？

终于意识到，有一种失败叫瞎忙。

有句话我很赞同，年轻人的特点是什么？第一是有足够多的可能性；第二是没有自知之明。早些年我们可爱的文化商人余秋雨老师早就说过，青年不值得歌颂，而是一个充满陷阱的年代。陷阱一生都会遇到，但青年时代的陷阱最多，最大，最险。

青年时代拥有最多的可能性，但这种可能性落实在一个具体人身上，却是窄路一条。我们的青春，只能挥霍自己的这种可能性，对自己的未来下注，青春是唯一的筹码。

但问题是，同样的年轻人，有些人觉得青春易逝，拼命学习成长，外练能力，内练气质，几年之后，时机成熟，完成逆袭；而大多数人，严重低估了自己这几年美好青春的宝贵价值，觉着腰缠大把时间，配上一副好身板，不着急，不害怕，好像也在做事，却不善于思考和布局，最后陷入忙碌却盲目地尴尬。

真的，好些年轻人，看他现在的状态和姿态，一般能判断出未来三五年后的样子。

所以，青春的筹码太贵，别下错注，因为多半翻不了局；别犯错，因为一般回不了头；别走弯路，因为很可能走不回来。

还记得BBC的那部著名的纪录片《七年》，追踪采访英国十四位不同阶级的七岁小孩，十四岁、二十一岁、二十八岁、三十五岁以及四十二岁。多年过去了，得到的结论是，他们似乎都没有逃出自己的阶级，上层社会的还在上层，下层社会的还是下层，除了有个小孩出生贫苦，后来当了大学教授。

阶级和圈层的流动也是符合正态分布的，我们大多数人都包在那条曲线"穹顶"之下，只留少数成为命运手掌里的漏网之鱼。

真的，我们努力都不一定能逆袭，何况不努力呢。

既然焦虑是不可避免，我们能做的就是带着焦虑前行，如同医学上讲的带菌生活，一个道理。

自己这几年的摸爬滚打，走的弯路，吃过的亏，在夕阳下回眸自己的过去。我真心觉得以下两个点，希望当初自己能早点明白。

1. 所做的事情能否提高自己的势能

之前讲过，任何工作其实都是在重复，区别在于重复的势能不同。一类是简单机械地重复，技术含量不高，比如一些体力活，或者专业要求不高的脑力活。去年、今年和明年所做的事情都一样，眼界、能力、素质并不增长，或增长太慢。具体行业就不举例了，免得得罪太多人。

而另一种重复含金量较高，每一次重复都在积累和获得行业经验。比如做咨询、投行。深度积累后的核心竞争力，会在互联网的推动下，得到最大化的价值体现。因为一直在蓄势，时间越长，势能越高，一旦开闸，一次的交易量，是有可能超过人家一年的血汗所得。

为此，我还专门画了一张图，更好阐明自身价值与时间的关系。

所以，如果自己还算年轻，并没有迫切的养家糊口的压力，那么在选择事业或者找工作的时候，最不应该看重的，就是当下给你的薪水。不要把青春贱卖了，因为从时间的成本比起来，从未来往前看，现在给的薪水一定是廉价的。换我们现在青春的筹码，不是一月几千几万元的薪水，而应该是平台、资源、人脉、能力增值等，这些无形的东西，才拥有时间复利和溢价空间。

说白了，一个人真正的能力，不在于能赚多少钱，而在于市场觉得你值多少钱。

2. 做擅长的事，而不是做赚钱的事

我个人比较认同的一个理论，就是木桶理论已死，长板理论为王才是王道。说白了就是得拥有一项技能是超越大众很多的。这个时代多需要专才，而不是通才。因为职场和商场，本质是资源互换。而你的那条长板就是你的核心竞争力，用来撬动其他资源的筹码。而且这条长板越明显，就越会吸引其他的资源来找你对接和互换。举个具体的例子，比如许岑老师因为PPT做得好，成为老罗身边不可或缺的人，而现在更是在淘宝卖PPT的网络教程，开收费群等等，完成了巨大的商业变现（当然还有其他素质因素）。说白了，互联网时代，都是讲究资源整合，没有一项核心能力，对不起，真心只能被边缘化。

这几年摸爬滚打的职场人，在三十岁左右的年纪，我们选对了接下来的赛道了吗，我们训练好自己的长板了吗。

还好，社会现在对年龄更宽容了，我们还可以坦率地说自己还年轻，还可以仰起头四十五度角仰望星空，依然热泪盈眶。

无须量力，只管前行；不怕路长，只怕心老；还没有成功，就还没有失败。

人生永远没有太晚的开始

每个人都是独一无二的，
拥有特殊的禀赋，
都拥有亮闪闪的特质。

你不经历点苦难，又怎么明白自己会成功

在30岁那一年，我发现自己站在一片幽暗的树林里。

[1]

"在35岁那一年，我发现自己站在一片幽暗的树林里。"

看到但丁的这句话时，我恍了恍神，在心底里默默地把那个5改成了0。

是的，你看，我比但丁还厉害，他要到35岁才发现自己站在一片幽暗的树林，可是，我，如此普遍如此平凡的我，竟然在30岁那一年就发现了自己身处幽暗的树林，这难道不是一件很幸运的事吗。

25岁时，我来到一家时尚杂志上班，那是中国最早的时尚杂志，它不用坐班，还可以周围飞，试用最新护肤品，看最新潮的衣服，住五星酒店，和这世界上最美丽最优秀的人聊天，长知识，见世面。更重要的是，在这里，只要你够勤奋，你就能拿到你同龄人三四倍的收入，几乎每个月我都抱着新出炉的杂志发一会呆，内心涌动着一股极大的愉悦，要知道这里面有四分之一的内容都是我编的呀。那时我觉得我是世界上最幸福的人，干着自己喜欢的工作，有自己喜欢的生活，被人爱着，也爱着人，经济自由，无忧无虑。

简单地说，我确实过了几年好日子。

可是好日子终归不长久。

慢慢地，时间越来越快，繁弦急管转入急管衰弦，30岁的时候，急景凋年竟然已近在眼前，杂志业仿佛越来越萧条，出差的机会越来越少，老板的脸色也越来越难看。最可怕的是，我的老板经常在开会的时候有意无意地说上一句："呐，我们这种青春杂志，编辑最好不要超过三十岁。"他每说这句话时我的心就要抖一下，好害怕他马上提出来要炒我，而就在此时，我曾经以为完美无缺的生活开始变得无聊甚至有些可怕，一片幽暗的森林在我面前慢慢展开它庞大的身影，危险已近在眼前，可是更让人觉得恐怖的是，眼前没有路。

[2]

张艾嘉有一首歌，我常常哼，里面有句歌词是这样的："走吧，走吧，人总要学着自己长大……"是啊，是得走啦，可是往哪儿走呢？没路走啊。

前30年生活教我做一个朴实好脾气的好姑娘，可是，它没有教好姑娘如何面对人生扑面而来的那些改变，那些改变多可怕啊，像一条小船就要撞上河中心横亘而起的礁石，船碎了不打紧，但问题是，好姑娘如我，可真的没学过游泳啊。

好怕啊，怕得要死，那时的我常常躲在杂志社最里面一间黑暗的杂物间，杂物间里摆一条窄窄的躺椅，中午乘没人的时候摸进去呼呼大睡，一睡就是两三个小时，有很长一段时间，这间小小的黑暗的杂物间是我生活里唯一的净土，每次睁开眼睛的时刻我都非常绝望，咦，怎么又醒了！为什么不一直睡下去。

那时的我话很少，吃得很多，变成了一个一百五十多斤的大胖子，剪着短发，走出去，常常会有人以为我是男的。这个大胖子每天都面色凝重，内心却沸腾得像锅烧开了的水，悲伤、愤怒、不平和恐惧，满满的，咕嘟咕嘟冒着热气，烫得让人受不了。慌乱的时候，这个大胖子曾跑到泰国去求四面佛，痛苦的时候，这个大胖子也曾经在海边装模作样徘徊了半个晚上。可是她也知道她跳不下去，更多的时候，大胖子揣着胸膛里这锅开水面色如土照常生活，她知道她不能撒手，一撒手她就得把自己煮熟了。

揣着滚水是很难，可是她知道煮熟了自己的人生只能落个腐烂的下场，作为一个湖南人，心底里都刻着这句话吧——"只要不死的话，就请你霸蛮活下去吧！"有了这句话做底子，人也不挣扎了，这是一种真正的绝望，它让你终于清醒地意识你只有你自己，这漆黑的森林里没有人会来救你，可是真正的绝望是有好处的，你终于清醒地意识到你还有你自己。

如果没有这份工作，你能干些什么？如果没有这个人，你还能不能活下去？我无数次地问自己这个问题，开始的回答是不能，后来的回答是不能也得能。

一个没背景没手腕没长相没专长没情商脸皮还特别薄生怕求人的女性可以干点什么呢？想来想去，我发现自己只有写稿了。长叹一声，这真是没有办法的办法，但凡要有任何一点别的手艺和门路，一个有点才华的人都不会动这个念头，可是你没有选择。

我开始拼命地写稿，什么都写，没有人约，就自己开个博客自写，娱乐，情感，时尚……什么都写，就这样写了一段时间，慢慢有了一两家约稿，2006年，我在后花园写的网络连载小说侥幸出成了书，印了6000本。那时我有个作者，叫薛莉，是个上海的美女，我给她寄了一本，她看完之后说原来你也写东西啊，不如你给我们写点时尚生活吧！她所在的地方叫英国金融时报中文网，我不知道那里有多牛，只听她说"我们这里有中国一流的作者"，我花了几天时间研究她们网站上的稿，写了一篇《广州师奶购房团》，薛莉从头到尾改了一遍，把改过的范文给我看，说以后你就照着这个来写，一个月一篇，一篇五百。五百哎！那天傍晚我骑车回家，微风吹在脸上，珠江边是大颗大颗的紫荆树，眼光所至之处，大朵大朵紫红的花落在单车前。此情此景，终生难忘，我模模糊糊地知道终于有一些事情开始了。

[3]

写稿成了我生活里最重要的事。

这真搞笑，一个女人要到三十多岁才开始写东西，这确实有点晚。

可是再晚它不也是门手艺吗，再晚，它不也开始了吗。

每次坐在电脑前敲击键盘的时候，我都觉得自己把自己送进了一个异次元，写作让我内心的那锅开水平静下来，它让我进入一个清凉世界，它让我宁静安详，它让我真正面对无助的自己，它让我有胆量把那些夜半时分都不敢拿出来的愤怒和恐惧细细打量，慢慢分析，它让我把内心的黑暗和纠结梳理清楚，它让我有勇气一点点地面对内心那些丑陋的沉积岩——文字真神奇，它像一个你用自己生命召集的能量场，它把你围在中间，它给你输送力量，它让你不再害怕，它让你从内里长出芯子，它让你有勇气和这个世界谈判，它让你有勇气和过去握手言欢。

除了写，我还到处问，因为我还是个记者，利用职业之便，我带着我的疑问问遍了我所能遇到的能人高士，我希望他们在他的领域里给我答案，人类学，心理学，社会学，历史学，生物学……我听见李银河老师说："中国女性的最大问题是参政率特别低。"我听见俞飞鸿说："生命已经有一半不在你手上了，另一半就得握在自己手中，我不期待别人带给我快乐，我的快乐我自己去寻找。"我听见黄爱东说"强大的女性是全能体，可是独立不是件容易的事"，我听见何式凝说"他其实是爱你的，不过他能力有限，不能爱到你好像你爱他的地步"，我听见裴谕新说"如果你在男性社会双重道德标准下玩，你就永远会非常痛苦……"我听郭巍青说"不要以为你说了一个悲惨的故事人家就会改变，观念不是随便来的，只有制度发生改变，观念才会发生改变，人们才会知道应该重视什么"……

聊天也是一种能量的流动，智慧大神一发功，小民就受益。我终于在他们摄人的光芒里发现了自己的局促与小家，我终于明白世界很大，我终于知道了某些可怕的真相——可是，知道总比不知道好，清醒让人痛苦，可是清醒本身就带着非凡的力量，原来情感问题的真相不是你和那个伴侣的关系，而是你和你自己的关系，往大里说，是你和这个时代的关系，可是无论在哪个时代里，如果你没有勇气让自己成长为一个心智成熟的人，你就永远也不能触摸到生命真正的温度。

我喜欢那些能量满满的谈话，我想过很多年以后我还会记得这场谈话，当我怨妇般问我的朋友水木丁，为什么我总是得不到我想要的幸福。

她笑嘻嘻地说，那要看你要的幸福是什么样的？而且，注意喔，不是每一个都必须得到幸福，有时得到宁静也很不错。

我说我为什么从来不做坏事却要遇到这样的报应，她语重心长地开启说道："没有什么道理可讲，我们生活在一个时代里，就要承受这个时代的共运……什么叫共运？比如你生活在战争时代，好好地坐在船上，被一发炮弹给炸死了，你说你找谁说理去……"

这场谈话在我人生中如此重要，它让我彻底从牛角尖里钻出来，你看我多愚钝，要到很晚才明白这些道理。是的，你不是一个人，你是一个时代里的小水珠，和这个时代里所有的小水珠一样，你们必须承受相同的命运。

[4]

人活在这个世界上三万多天，求取的意义是什么？

其实谁也不知道。人生那么短促，世界那么残酷，我们这些平凡人能在感情里为自己做的最大努力是什么呢？

也许就是别折磨自己，尽量让自己快乐，而让自己快乐的唯一方法，就是尽量诚实地面对自己，也尽量诚实地面对他人。这是我当下这一刻领悟的真义，它可能不对，过几天也许会改，但这不重要，最重要的是，我在这无尽的书写里，终于找到了在这个残酷世界里安身立命的方式——原来，我就是那种写着写着才能好起来的人呐。

写作让我得到现在的我。

不完美，但快乐；不富有，但开心。我从来没有像现在这样欣赏自己、接纳自己，我喜欢现在的自己，我喜欢现在的生活，写稿看书旅行健身采访，忙碌而充实。我有很多很好的朋友，我有亲近关爱我的家人，我有若干情义相投的工作伙伴，我自由地属于我自己，我比之前的任何时候都要快乐。

从2011年接下专栏开始，到此刻，写下这本书前前后后的三年里，是我变化最大的三年，我不知道是我制造了这本书，还是这本书制造了我。在这本书里，我尽可能真诚地写出了我知道的所有——那些曾经触动过我的心灵的句子，那些曾经触动我心灵的灵魂，那些曾经疗愈过我伤痛的高人，那些曾带给我巨大帮助的书籍和电影……我不知道它们对你有没有用，可能一点用也没有，可是管它呢。我只是愿意将自己那些在黑暗里擦亮的光亮与人分享，哪怕只是一点点，也许，或许，能帮到你呢，能安慰你呢？

曾经有读者问我，你是一个什么样的女人，你是不是历经千帆才有那么多感悟？惭愧地说，我是一个经历不多，不甚强大，甚至不太聪明的女人。也许就是因为不甚强大和不甚聪明，所以任何小事都让我感同身受，所以跌跌撞撞才来得特别真实惨痛。

天地不仁，以万物为刍狗。

世界从来如此。

可是，就算是最微不足道的一片杂草，也曾繁盛；就算是最平常的一片树叶，也曾绿意盎然；每一颗破碎的心都不应该被践踏，每一个重伤的人都不应该再受杀戮。电影《桃姐》里的那句台词让我泪流满面："人生最甜蜜的欢乐，都是忧伤的果实；人生最纯美的东西，都是从艰难中得来的。我们要亲身经历苦难，然后才懂安慰他人。"

这些道理，不是三十岁的你也可以去听的

当一阵红包雨洒过，我明白，自己又老了一岁。

回首过去的三十多年，我经历了一些事，也明白了一些道理。

在又长一岁的时候，我想把这三十多年来领悟的道理总结一下，与各位朋友分享。

[一切困难都会过去的]

在高中的时候，我脑子里突然蹦出这么一句话。那时我们经常考试，每次考试之前我都很焦虑。但是有一天我突然明白，这一切的困难都会过去的，要么是被克服了，要么就是我们避开了。所以不必过于担忧。

当我们克服一个困难的时候，实际上是多了一个成长的机会。当我们躲避困难的时候，我们也是选择了不去面对这种让自己不舒服的生活，总之一切困难都是会过去的。不要为明天而焦虑，上帝自会有安排，我们只需要好好地活在当下就可以了。

[君子生非异也，善假于物也]

这句古语的意思大概是，君子的本性和一般人并没有什么区别，只是善

于借助外物的力量罢了。

放到今天来说，就是牛人没什么特别，但就是善于借助他人力量或各项工具，善于整合资源，才做成了大事。

我们个人的力量是有限的。但是地球上却有那么多的资源可以供我们使用，有那么多的人可以帮到我们。我们所需要做的，就是找到这些"物"。

[没有人可以定义你是谁，不要给自己设限]

不要给自己下太多的定义，也不要接受他人给我们贴的标签。不要认为自己只能做什么，不能做什么。人的潜力是无限的，试着去挖掘它，开拓它。

比如我曾经以为自己永远学不会驾驶，永远学不会钢琴，但是通过训练，这些都是可以掌握的。要打破限制，最根本的是我们在心理上不要给自己设限，否则你永远都做不成那些你认为不可能完成的事情。

[过符合或稍微超出你能力的生活]

任何时候，不要放弃自己的生活品质。不要过于委屈自己，不要为了明天的美好生活，而让今天的自己将就。喜欢一个LV包，买吧！喜欢一套化妆品，买吧！想去旅行，那就去吧！

只要这些消费都在你的能力范围内或者稍微超出你的能力，都可以做的。包括如果你喜欢一辆炫酷的车，但是暂时还差一点钱，那么，贷款买吧！

有一本书叫做《幸福的方法》，真正的幸福就是要活在当下，并且当下的事情能够成就明天的幸福。

很多人会觉得现在要过一点苦日子，不然明天就过不上幸福的生活。但是，苦日子和明天的幸福生活，并没有必然的关联。习惯了过苦日子，那我们一辈子可能都只能过苦日子。

[不要什么事都等到明天再做]

有一句话叫做永远不会太晚，但是我们却不能什么事情都等明天去做，因为明天不总在我的预期之内。明天也不一定会有今天那么适合的时机去做那件适合的事。人生，在不同的阶段就适合去做不同的事情。因此，想做什么现在就行动吧！

[尊重自我，接纳自我，尊重他人]

我们是自己最好的朋友，因此我们要对这个好朋友百分之一百的好，要尊重自己，接纳自己。

受传统教育中先人后己等观念影响，我们往往只会观察他人，而没有养成观察自己感受的习惯。我们也往往会为了迁就他人而委屈自己。我们总是在看别人需要的是什么，没有想过自己到底要什么，不要什么；喜欢什么，不喜欢什么。因此很多人所做的都并不是自己期望的，而是他人期望的。观察自己，尊重自己，其实非常重要。

另一个方面，是接纳自己。这代表着我们在客观观察自己的同时，接纳自己的优点与缺点，现在和过去。但是需要注意的是，接纳自己并不代表我们可以放纵自己。

还有一点很重要，就是要尊重他人，包括他人的想法、习惯等。不要勉强别人，也不要瞧不起别人。

[不要迷信大 V，每个人都可以成为自己的大 V]

每个人都是独一无二的，拥有特殊的禀赋，都拥有亮闪闪的特质。你可以有榜样，但是不要迷信大V，不要视他人为偶像。因为大V也是普通人，而不是神，只是通过努力活成了现在。你不也可以吗？不要和财富多的人拼财富，也不要和才华高的人拼才华，你需要关注自己的长板，并付诸努力。

[颜值很重要，勤奋更重要]

在这个看脸的时代，以貌取人还是非常普遍的。出于人类的本能，很多人都会更喜欢，也更乐于接受和认可外表相对较好的人。颜值高的人，特别是女人，更容易获得事业、择偶上的各种机会，也更容易获得帮助。

不过，颜值并不是固定不变的，所谓年老色衰，或者女大十八变，就是这个道理。作为女生，一定要多关注自己外表呈现出来的状态，学会护肤和化妆，提升搭配，保持良好心态，这样可以提升我们的颜值。

颜值虽然重要，但是却没有勤奋重要，在和朋友讨论这个问题时，很多人举了马云的例子。马云颜值不高，却能通过勤奋获得大家公认的成功，获得让人羡慕的财富，这种魅力是高颜值也无法匹敌的。

勤奋可以提升我们的魅力和财富，让我们过上自己想要的生活，而颜值却未必。

[控制自己的口舌，学会慎言]

我们很多时候会希望自己做一个真实的人敢于发表自己的见地，随意讨论别人，但是很多时候，这会带来一些麻烦，甚至会给他人带来困扰。

举个简单的例子，比如说有一个人他在一个群里面分享一篇他写的文章，然后其他人七嘴八舌地评论，有些人甚至会发表非常毒舌的评论。他们觉得这就是诚实，也是为了别人好。但是，别人往往不需要你那么诚实，不需要你出于"好意"地泼冷水。请别为了表现而给自己挖坑。

在工作中或者对待朋友也是如此，我们要把握与他人之间的距离，思考我们所说的每一句话会带来什么样的后果，不要想说就说。你的一个评论可能会给好朋友带来一天的坏心情。而你一句不恰当的话，也可能会毁掉他人在工作中所有的付出。

在朋友圈和微信群，也同样需要慎言，不要讨论过多针对个人的事情。

[人要有点自己的爱好]

你总得喜欢点什么，人生才会变得丰富，比如读书、音乐、锻炼等，你要通过这些爱好让自己更健康，更快乐，更充实。这些爱好也让你在与他人交往中拥有了更多的话题，更容易融入各种圈子。

[多体现结果，少体现过程]

我们有时候会看到一些人似乎没经过什么努力就瘦下来了，就变得正能量了，就如何如何成功了。但这只是表面，他们的付出我们无从看到。我们做人也是要如此，不需要每天告诉别人我们在做什么努力，只需要把结果呈现出来。

[多出席，不要迟到]

出席是我们遇见世界的一种方式，也是我们结交朋友的一种方式，更是我们拓展自己的一种方式。出席可以给我们带来许多机会。如果你永远不出席的话，你就永远不会有任何的机会，永远处于逃避状态，是一种拒绝成长的表现。

另一点，就是不要迟到，无论是在我们的工作中还是生活中，守时是一种基本的礼貌。迟到给他人的印象不好，也可能会让自己损失不少。如果你总是迟到，那不妨分析一下是否自己不够喜欢那件事情。因为迟到往往是因为我们在潜意识里面很抗拒那件事情，或者不喜欢的事情。如果真不喜欢，那就干脆不要答应去参与。

[朋友是需要维系的双向关系]

朋友关系是付出与索取。我们要为朋友做力所能及的事，感受朋友的正能量的同时，接纳朋友的负能量。与此同时，在我们遇到困难的时候，也要敢于去求助朋友，有的时候，求助也是增进双方关系的一种方式。

要维持友情，我们要保持必要的联系频率。

对待朋友要有包容之心。我们不能因为朋友的一次错误，就否定一段友谊。当朋友在一件事上辜负了你，你不妨进入朋友的思维框架，思考朋友为什么这样做，也可以积极地与之沟通，了解背后的原因。但是，不要过于决绝地中断一场友谊。

[学会独处]

有一段时间，我每天在业余时间忙着和新认识的朋友见面，一天不出去都觉得虚度了，但是因此精力消耗得很厉害，精神很疲劳。于是我暂时停掉了一切晚上的见面，改为和自己相处，很快就找回了精力。

独处，是一种能力，也是和自己约会的一种方式。通过独处，我们和自己对话，给自己找乐子，更好地观察自己，感受自己。当你可以独处而不焦虑时，你就成长了。

[这个世界上是有分工的，每个人要认准
自己的角色，不需要过多地插手别人的事]

这并不是说我们只顾自己"门前雪"，不管他人"瓦上霜"，在别人真正需要的时候，我们可以提供力所能及的帮助。但是，千万不要多管闲事。所谓闲事，就是别人并不需要你去理会的事。

以上就是我在三十多年里的体会，你的呢？

别让你的状态配不上你的年龄

前不久，我刚过了三十一岁生日。最近几年，形成了每次过生日就来回顾一下当年经历的习惯，所以照例胡乱写几句。

在过去的两个月里，我无意中到豆瓣来写日记，没想到居然还有人看。欣喜之余，忍不住多写了几篇。俗话说言多必失，有人看得很不爽，表示我写的文字污了他的眼目。前几天，甚至有人给我留言说："你一个中年大妈学小年轻一样整天在豆瓣上面发日记，就不感到害臊吗？"

我向来是个没涵养的人，看到这样的留言真是有点怒从胆边生。照这位姑娘的意思，中年大妈就该待在家里哪都别去，否则就有丢人现眼的可能。可能她还小，自以为能够芳龄永继，对于她来说，女人活到三十岁就已经是人生极限了，还要出门嚷嚷的话最好拉去人道毁灭。

社会上对三十多岁的女人抱有同类观点的还真不少。曾经有个好友约我一起去逛内衣店，正好我身边带了个实习生小姑娘，她见我们在讨论哪种内衣更有诱惑力时，突然眨巴着大眼睛问："过了三十岁，老公还会碰你们吗？"望着小姑娘懵懂的大眼睛，我和好友哭笑不得。

可能在很多人的眼中，女人过了三十岁干巴得连性生活也没了，反正生儿育女的任务已经完成了。

我以为社会风气经过这么多年的变革，早就日新月异了，没想到还是有那么多人抱着"男人三十一枝花、女人三十豆腐渣"的陈腐观念，其中不乏年轻小姑娘，自恃青春美貌，认为自己与三十岁以后的女人根本不是同一种生物，提起对方来一律贬称为"大妈"或者"欧巴桑"。

我真不知道她们的优越感从何而来，姑娘啊，如果这种思想是某个自称婚姻不幸的大叔告诉你的，你让他离婚了再来找你试试看，保证他已溜之大吉了；如果你说这就是社会的主流价值观，我只能说，你以为你还生活在古老的宋朝吗？就算是在宋朝，李瓶儿孟玉楼这些性感多金的寡妇们在婚恋市场上比小姑娘可抢手得多。再往前追溯一点，杨玉环死的时候已经三十六七了，唐明皇爱她的心，一点都没有疲倦。

现代人的青春期比以前长得多，很多女人到了三十岁才开始真正的人生，小野洋子三十岁才碰到约翰·列侬，罗琳三十岁才开始动手写《哈利·波特》。《欲望都市》里的四个女主角个个都是30+的大龄女子，她们拥有丰富多彩的精神生活和物质生活，刚刚热播的《咱们结婚吧》，高圆圆饰演的杨桃也已经年过三十，照旧水灵饱满得人人爱。

我知道人们肯定不会把上述的这些女人称为"欧巴桑"，因为她们有名气，有钱，而且大多长得好。大多数年过三十的平凡女人籍籍无名，钱也不多，相貌平平，那么她们的人生是否就灰暗无聊就不值一过呢？

我以我有限的人生经验担保，绝对不是这样的。

就我个人而言，对已经过去的青春岁月并没有太多留恋，我属于那种开窍晚的人，当很多人一早就确立了人生目标的时候，我却在懵懵懂懂地随波逐流，青春对于我来说，就是一段肉体上流光溢彩但是精神上苍白空虚的岁月。

相信很多人都和我有过类似的感受，当我们回顾自己的青春岁月时，都不禁为那时的矫情、浮躁和虚度光阴而羞愧。

有一次，我和我的朋友们曾做过这样一个心理测试，如果让你选择最想停留在人生的哪个阶段，你会如何选择？可能是人以类聚，我们都不约而同地选择了留在目前的阶段，没有人表示愿意回到十几二十岁的青春年华里。

一个朋友说："回到二十几岁？别傻了，那时候除了年轻点有什么，我可不想再要那种一穷二白的青春。"

是的，对于绝大多数没有背景也没有好爹的人来说，青春基本上就是一穷二白的，那时候的我们可能刚刚毕业，住在和人合租的小房子里，在单位里连口大气都不敢出，见人就喊"大哥大姐"，想起未来时，满心都是惶恐。

最关键的是，我们那时候对于想要成为什么样的人并没有确定的想法，或者说即使有那个想法，也没有相匹配的能力。

对于白手起家的年轻人来说，首要问题是先生存下去，不管有多难都挣扎着活下去，然后才有资格考虑活得怎么样的问题。也许人在青春时注定受煎熬，可我们已经熬过来了，就再也不想回到那段难熬的岁月里去。

我和我的朋友们，大多已年过三十，走在奔四的路上，对于我们来说，现在就是我们的黄金时代。我们中有的好不容易离了婚，有的终于结了婚，有的已经决定终身不婚，更多的是早已结婚生子。相同的是，我们对已有的生活状态都还算满意，对未来也不再有那么多不切实际的期待。

古人说三十而立，并不仅仅指的只是男人，一个女人往往也要等到过了三十后，才会真正地"立"起来。

物质上，三十多岁可能已经有了自己的房子车子，在工作上基本也站稳了脚跟，不用再为生存而焦虑，事业上蒸蒸日上；精神上，人过三十之后，会越来越清楚自己想要的是什么，不想要的是什么。我的一个姐姐说，三十岁之前人在不停地做加法，追求这个追求那个，过了三十之后则开始学着做减法，专注于做自己真正擅长和喜欢的事。

三十岁的女人，已经不算很年轻了，但还没有老，更加没有死。你们以为女人过了三十就完了？还早着呢！

当然也有遗憾，那就是随着胶原蛋白的流失，我们一天天在变老。这是没有法子的事。所以当单位来了实习生时，姐姐们都会赞美说："年轻真好！青春真好！脸上抹点大宝就油光水滑了。"可是你要姐姐们真的和小姑娘互换，打死她们都不会干，至少，用惯了兰蔻雅诗兰黛的她们无论如何也接受不了大宝了。

青春确实很好，那时我们即使什么都没有，至少还有满腔热血和满怀梦想。

可是姑娘们，真的不用那么畏惧变老，每个年龄段都有它独特的美好之处，随着年龄日长，你没那么年轻没那么漂亮了，可是你会发现，自己没那么焦躁了，没那么惶恐了，当年在乎过的、焦虑过的，后来逐渐变得不值一提。十几岁的你会为一次考试没考好彻夜难眠，二十几岁的你会为上司一次训斥无地自容，现在的你回想看看，有什么大不了。

我现在还是常常会为一些小事而焦虑，一位姓张的大姐对我说："不用急，等你过了四十岁就好了。"

张姐刚刚满了四十岁不久，她说自己年少时比较晚熟，大学毕业生一直待在某个小镇上混，直到年近三十的某天，忽然萌发了出去闯闯的勇气，于是毅然放弃体制内的工作，开始出来创业。和体制内的清闲生活相比，她过得很辛苦，但是也乐在其中，而且重拾起抛下多年的笔，开始写写东西，前几年刚出了本散文集。显然她很适应体制外的生活，回顾自己的前半生，她说："感觉以前都像白活了，还好，我现在终于知道自己最想要的生活状态是什么，那就是自由，无拘无束的感觉真好。"听她这样一说，我对自己即将到来的四十岁不禁多了几分期待。

张姐说，她特别喜欢李玟原唱的一首歌，叫做《自己》：每一天/都相信/活得越来越像我爱的自己/我心中的自己/每一秒/都愿意/为爱放手去追寻……

姑娘们，既然变老难以避免，但是如果能够活得越来越像我爱的自己，那又有什么关系呢？我从来不讳言自己有多大了，我已经三十一岁了，那又怎么样，我只怕我配不上自己的年龄。

你需要对未来有一定的危机感

前段时间有个朋友跟我吐槽说："马上要奔四了，现在却还对未来很迷茫，毕业马上10年了，一直以来没有好好努力，没有选对好行业，现在过得好焦虑。"

还有人说："30来岁了，现在跨行很困难，很难从头来过。基层做起，别人也会用怀疑、嘲讽的眼光看待你。"

难道就因为别人的眼光，让自己这样庸碌一生了？不满于自己的现状，又不敢出去和满腔热血、努力奋斗的青年们竞争，不敢闯你总有吐不完的槽，诸多抱怨，最后年复一年。

30岁以后的职业发展，不再应该是原地踏步、停滞不前的状态，如果你想要35岁以后有着更大的职业发展，你就该从此刻开始，好好利用我们现在的时间，着手提升自己，不要等到35岁之后还来说："我对未来好迷茫，不知道怎么办。"

想要未来不迷茫，你该着手这三件事。

第一件，构建自己的个人品牌

如果你30岁以后，你还去频繁地跳槽，这不管是对你未来的发展，还是你专业知识的成长都是非常不利的，可能还会让自己置于一个相对较低的一个层次上，对自己的职业的晋升跟薪水的增长都有很大的影响。

在这个时候咱们应该要确定自己的目标，我能做什么，适合做什么。一个清晰的目标会让你少走很多弯路。不然的话，你可能35岁之后还在这里说"我很迷茫，不知道未来要怎样"。

如何构建自己的个人品牌呢？你是一流的商业人士，还是一般的上班族，差别就在这里，给自己一个专业的定位，梳理自己品牌形象，会为你以后的职业发展增加更多的价值。其实无非解决三个问题，第一定位你的品牌方向，第二花时间积累你的阅历和人脉，第三是用工具整合你的专业知识分享。

如果你想建立一个比较有影响力的个人品牌，我个人建议是选择一个能够从自己专业技能中延伸出来的通用技能比较合适。

这个时候需要向行业里最优秀的人看齐，并以他们为榜样，一步一步走上优秀。同时自己也要通过在职学习、培训，充实自己的大脑，并在行业内树立自己的影响力。每一个行业的优秀人才，都有自己聚集的圈子，如果你是做新媒体营销的，可以多参加类似这样的活动，你会认识到很多这方面的人才，多学习，同时提高自己的影响力。为什么有些人出去讲一次课就能挣好几万元，因为他的影响力比较大。

第二件，就是把自己培养成一个职业经理人

除了那些对于技术十分热衷的人，如果你要想在职场上获得更多的空间，职位上的晋升必不可少。有些人会说我不愿意成为一个领导者，我只希望做好自己的份内事，我就满足了。对于抱有这种想法的人，我只能说很抱歉，这不是你能选择的。原因很简单：你25岁的时候，可以做一名基础员工；30岁的时候，也可以做一名基础员工；但你到了35岁以上的时候，你如果还只想着做一名基础员工，那就不太现实了。我们前面提到过"35岁现象"。如果一个已经35岁的人，他的能力还只是局限在基础岗位上，那么，这样的人基本上是没什么价值的。所以，不管你是否愿意，你都必须把职位晋升作为你职业成长道路上的一个重要目标，并为之付出努力。

走上了管理者岗位，是你职业成长的关键一步。以后的发展空间，都与此次的晋升密不可分。要做为一名有名的职业经理人．首先是注重自己的个人数值，在各个领域都有自己独特的见解，并且能给自己和自己的团队公司，带去无双的价值，当然，还不单是这些，还有自己的先天和后天的培养，学习。

这其中困难多多，但我希望有理想的人能够不断努力，慢慢改变这一切。

第三件，找到一家高成长公司，伴随公司成长

在职场发展中，你所选择的行业跟公司对你有着很大的影响，如果能找到一家具有成长潜力和发展空间的公司，并随着公司一起成长，是一件非常重要的事情。

自己能全身心体会一家公司从小到大，从弱到强的成长历程，对于公司的整体运营也会非常了解，同时你也知道哪个角色在公司的成长的位置比较重要。

在成长性公司中你的价值会得到最大的发挥，能把你的潜质挖掘到极致，对自己也是一个非常大的提升。很多人在找工作的时候都倾向于大公司，但是如果你想要快速地成长，成长性公司是个不错的选择。在成长性公司中对人才的需求强烈，晋升机会更多。

如果你已经在奔三或者奔四的路上，请此时一定要好好地跟自己说，抓住时间，不要让自己美好的青春时光在电视剧跟迷茫中度过，等你35岁之后你会是多么懊恼。

任何一份高收入的背后都有你看不到的付出，当你觉得自己收入不高的时候，此刻你需要学习，并努力创造，而不是去羡慕，去和别人攀比。对于未来需要一些危机感，不要让自己的时间跟机会越来越少。

[不停地修正自己，
你才能更完美]

30岁的你，知道现在要做的最重要的一件事情是什么吗？

小时候，看过一个美国电影叫《女孩梦30》，是詹妮弗·加纳演的。讲的是一个13岁的女孩在过生日那天，由于魔法作用穿越到自己30岁的故事。

一开始，她觉得，哇，原来自己的30岁这么光鲜亮丽，实现了很多自己压根想都不敢想的梦想，比如住在一个超大的高级公寓里，事业很成功，她的助理跟班居然是小时候总欺负她却美得让她羡慕的那个女生，最完美的是身边还有一个很帅的男朋友。后来，女主人公才发现，30岁的她并不是自己想要成为的那个人。

突然想起前两天看的《我的少女时代》，有异曲同工之妙。都是在讲自己的成长过程，只不过一个是穿越未来，一个是回忆过去。

你想成为谁？真的是一个好老套的问题。

从幼儿园开始，老师就问，你想成为谁？很多小朋友举手：我想成为一个伟大的人。我想成为科学家。我想成为蜘蛛侠。我想成为我爸爸那样的人。我想成为乔丹。

成长是一个很有意思的过程，你不知道在什么时候你的想法会改变，哪些人、哪些事会影响你，改变你的决定和人生轨迹，也不知道命运是如何安排这些的。

在我刚毕业的那会儿，最喜欢的女明星是安吉丽娜朱莉。她从上到下都超cool，话少，头脑清晰，办事利索，气场强大，关键漂亮又性感。这些特质，都是我欣赏的。我一度很想成为这样的人。

很奇怪，一个小姑娘，那会儿总喜欢买一些黑色的衣服，着急长大，觉得这样会显得成熟稳重，所以衣柜被黑色填满了。

但实际是，刚迈入社会的我，就像一个不会游泳的人被推进了深不可测的大海，特别没有安全感，身边并没有人教我怎样去游泳，我很渴望有个导师能带着我一步一步往前。我只好呛一口水游一步，好歹学会了狗刨，能在海里扑腾两下。但是狗刨这个姿势一点儿也不优雅，更谈不上cool！于是，我无比痛恨那个无能的自己，不停地自我拉扯纠结了好一阵子。

后来，我才发现，cool不是最终目的，最终目的是自身能力的最优化，像电脑不断地升级系统一样。

anyway，每个人都想成为最好的自己，什么是最好的？标准不一样。

我认为给30岁的自己画像是一个好方法。画像越清晰，方向越明确。

就像游戏里选人物初始设定一样，什么颜色的头发，什么款式的衣服，什么样的五官和表情，有着怎样的属性和性格，有哪些超人的装备，体力、耐力值是否满血，等等。这是一件很有意思的事。虽然你不能选择自己的出生，但你能掌控你的未来走向，不停地去修正改变它，成为你想要的样子。

比如：

希望30岁的自己，穿着打扮得体大方，散发的气场让人舒服；

希望30岁挣到第一桶金，有足够的自由做自己想做的事；

希望30岁去过一些最想去的国家，并且体验过"跳伞、潜水、冲浪"等极限运动；

希望30岁能够保留自己天性中好的一面，弥补不足的地方，把天真浪漫留给身边最亲近的人，把成熟干练放在工作中。

最近我发现自己迷上了凯特布兰切特，尽管她一点儿也不cool，笑容大气温和，偶尔还很幽默，却散发着女王般的魅力气场。

没错，偶像是你欣赏向往的那个人，同时也是指引自己的目标，即使成为不了她，但如果能让自己磨炼出那些优良的品质，也会成为一个与众不同闪闪发光的人。

安稳过好当下，亦算好福报

Q说，她今年三十五，家庭安稳，是一名教师，但是，内心并不喜欢老师这个职业。人生至此，还能重新洗牌吗？

这或许不应该是一个两难的选择。人想要安稳还是激进，然后根据现实作出调整和安排。比如，有的人只求平顺，即便不是自己喜欢的工作，依旧可以埋头劳作，因为TA需要金钱支撑现实安稳。而有的不同，只想选择激进的生活方式，做自己喜欢的事。

哪怕中间要付出多于先前的努力与代价，哪怕已到一定年限。在TA看来，自由与心性满足，多过于外界很多其他附属条件。TA崇尚一个人不能做喜欢的事情，即便再多物质，金钱回报，亦只是觉得在浪费生命。

生活与现实，对于大多数凡众来说，很难做到安稳与喜好之间的平衡。能做自己喜欢的事情，并从中谋取金钱上的利益，这对于一个人来说，已经是幸运，算是有一定福报的人了。

我们不妨看看周围的人，例子随便一抓就是一箩筐：F为了房贷，工作不敢换，餐馆不敢进，平日的娱乐只剩下电视；S为了孩子，哪怕人到中年，依旧需要看老板脸色行事，心中那份憋屈与迁就，只能在夜里独自吞噬；W说，于她而言，无所谓喜欢不喜欢，只需要每月有固定开支，能养活自己足够好。

这些都是不喜欢自己的工作，但向生活做出了妥协、让步、选择的人。她们有一个共同点，就是家庭稳定，心性已经趋向平和，都是人过中年，难有大波动。生活也是如此，一生不惊不波，不疾不徐。当然，你也不能说，这就不是一种幸福，不是一种好。

人生很多时候，重新开始，需要勇气、信念还有智慧。毕竟不是年少激烈，可以跌跌撞撞，来来回回。当然不排除，很多人无论到哪个年龄段，都可以做到激进，重新洗牌。这对他们来说，最大的改变，就是人生进入一个新的局面。但要知道，这期间所承受的压力，酸楚，疲累，也是非常人所能承受的。

从某种程度来说，这就是生活，安稳要付出代价，颠覆也要付出代价。关键看自己的心性做如何选择，这一切与年龄无关，只与勇气、信念、争取自由代价有染。

比如M在33岁那一年，举家拖口，从大理移居广州，只是因为曾经生活的城市难让其在工作上有新突破，自我有新成长，生活了无生机，一潭死水，长此以往下去，无非是混沌度日；抑或，她只是为了一个梦想，凭借商业嗅觉，先后和几个人投资开了一家书店。其后，因为自己喜欢摄影，投资重新购置新型的摄影器材，将爱好变成可以换作金钱回报的交易，这也是另一种新生活方式开启。颠覆以前过往，史无前例。

你可能说，她很幸运，能时间自由，做自己所喜欢的。但要知道，幸运背后是3年长期间的亏负生活，内心的煎熬，也曾盘问自己的选择代价是否值得。

中国式的生活，大多求安稳，吃饱、穿好、睡暖、家人好。这种求福的心态本身也是一种精进。安顿好自己，也扶持好家庭，社会的平安与进步，一样离不开所有安顺的平凡心性。

我所能想到的，人生需要重新洗牌，大抵有两种，一种是被迫，命运需要重新选择，这样的选择带有炼狱性质，它将人逼迫到一个绝境，也有可能四面楚歌。如此需要信念坚定，意志坚强。再次振作，重新洗牌后的生活，仿佛进入一个新天地。这样的命运就是"三十年河东，三十年河西"。"君子之泽，五世而斩；小人之泽，亦五世而折。"一切权位家业，难有永恒，因为历史与命运会让你重新开始，生活的秩序需要重新被定义。

还有一种，用当下流行的话说就是爱折腾，不折腾不人生。骨子里天生潜伏的躁动不安，比如文章提到过的M，就好像一颗种子播撒田间，到一定季节得到了相应收获。来年，她希望能有更大突破，重新找更能适合培育种子的土地，一切重新开始，施肥，耕耘，播种，收获，一样都不少，只是汗水和血泪恐怕又会多出先前好几番。生命翻开新的一页，内心也在此过程中修炼强大。

折腾有折腾的好，人性的冒险精神和始终有勇气不断向前走，也是精进生活方式的一种。总之，生活很多时候很难确定到底哪一种才是好，又或者不好，它没有一定的标准答案，即便是意见，亦只是个人观点，不代表权威或统一、准确无误的结果。

但不管如何，你所表达、传递的生活方式，以及对生命自主选择后所能承担的代价与结果、所能托举的力量等，都有它的意义和美妙所在。遵循自己的道去行走，才能认清自己，研究自己，最终找到自己。

这样的过程可能会沉浮跌宕、艰难曲折、轮替互换，它能让你察觉到，谁的生活都不可能一帆风顺，始终洋洋得意。也有可能会使心性结构得以重新构建，变化中的自己，终归是成长，是美。人的命运往往会在无常的境遇中得到鼓舞，看到希望，最终探寻到属于自己的光照。

人生若能被幸运地重新洗牌，不能说它是不幸，只能说你的人生没有特设的定局，一切都在变异中求不变。只为寻求适合自己生活，而非生存的方式而已。

生活中所有的境遇与变革，难道不都是在不断洗牌中，重新定格与变化的吗？比如秉权更迭，社会兴衰，人事交替，个人变迁。因为这些，生活充满希望与新机，如同花朵与树木枝叶重生。这就是它的意义所在。

从某种程度上讲，人生重新洗牌，需要付出代价，不洗牌，亦要付出代价。中间的选择，全凭自己对生活的要求与希冀。但不可否认的是，命运有它特定的属性，相信上天公平，也相信一切都可以重来。当然，你还需要明白，安稳过好当下，显然亦算是好福报。

[敢对不满的生活说不，
   什么时候都不晚]

第一次见到苏婉的时候，她正准备去一家广告公司入职。

苏婉大学毕业以后就去了一家大型国企，地处偏远的开发区，几乎与世隔绝。她的职位虽然是文员，每天进了办公室也要穿上灰蓝的制服。她谈过两次乏善可陈的恋爱，最后都不了了之。周围的同事大多成家立业，每天的谈资不是育儿经，就是给她介绍对象。

快到三十岁的时候，苏婉终于下定决心离开那个枯燥无趣的地方。她带上全部积蓄，来到了上海。三十，这是一个让许多人都恐惧不已的数字。三十岁意味着青春的彻底结束，人生逐渐稳定，开始丧失许多可能性。而苏婉却把这当作一个开始。

广告这行是典型的吃人不吐骨头，"女人当男人用，男人当畜生用"。看着苏婉一身纤纤弱骨，我好意劝说："进这行老得很快的，女孩子要慎重考虑啊。"

苏婉回答得很坚定："可我就是喜欢这种创意的工作啊。有挑战，有乐趣。"

不知是不是受到时尚电影的蛊惑，许多年轻人都以为广告这一行光鲜亮丽，充满了刺激的商战和帅哥美女。实际上，广告公司里最常见的是胡子拉碴的小伙子，T恤和人字拖。

我见过很多人挤破脑袋要进广告圈，最后又满身疲惫地爬出来。丝绒般的梦想碰到刀子般的现实，注定会被撕扯得破碎。许多人因此半途放弃，折羽而归。我想，苏婉或许也会如此。

初到上海，她便向各个大大小小的广告公司投简历。履历写得诚恳，却未必有人细读。面试的时候，他们劈头便问：

"你这个大学在哪儿啊？怎么没有听说过呢？毕业后在工厂待了五年，做的是资料整理……对我们来说，这份履历表还不如一张白纸。"

"现在的广告业竞争很激烈，公司里都是大学刚刚毕业的学生。很少有像你这个岁数的新人。所以……"

好在这些年来，苏婉一直没有放弃写作。她的文章为她获得了不少面试机会。

最后，终于有一个HR肯松口："苏小姐，我们公司对文案的要求还是比较高的，没有相关经验，肯定无法胜任。不过，以你的年纪，做实习生恐怕也不太合适吧？"

苏婉把握机会，直白地说："我可以从实习生做起。我不在乎职位、薪水，只想能进入贵公司学习做广告。"

那位HR显然也是阅尽世人，并没有被她的热血所打动，而是提出了一个实际的妥协办法："那好吧。我只能给你保证工资不低于上海市最低工资标准。三个月后，如果你做得好再转正。"

就这样，苏婉拿到了她在上海的第一份offer，工资连交房租也不够用。

公司不大，二十多个人，其中有一半是才毕业一两年的大学生。这样的小公司，在上海不计其数。苏婉被分配给一个资深文案打下手。公司里论资排辈，出于敬重，她称对方为"张姐"。其实张姐比她还要小一岁。

苏婉仿佛又回到了高中时期，她制订了一个计划表贴在墙上，安排好每天的日程和学习任务。一天结束的时候，她还要为当天的完成进度打分，进行自我检讨。

苏婉接触到的第一个项目是个房地产项目。刚入职那几个月,苏婉不是全公司最重要的人物,却是最忙的那一个。她每天到处搜集资料,分析全城同类型的广告案,去工地考察情况,和客户进行沟通,从三个不同的角度为一个项目想五十句广告词,把各种各样的数据和文字做成表格,做成PPT……

当她被一堆资料压得透不过气的时候,还有稚嫩的前辈向她卖萌:"姐,我晚上有约会,帮我做个表格呗。他们都说你是excel高手,一定很快就能搞定!"

这些有理无理的要求,苏婉都欣然接纳。

苏婉从办公室出来的时候,往往已经是深夜。霓虹闪烁,远远近近,衬得这座城市更加广阔,似乎隔山隔水,万里迢迢。她猛地一呼吸,露气湿润,夹杂着不知名花草的香气。她喜欢这座城市,大到无须隐姓埋名,也能毫不畏惧地做自己,肆无忌惮地做白日梦。

张姐对苏婉有些严苛,却待她不薄。项目结束的时候,主动对老板说:"苏婉挺适合做文案的,很有灵气,一点就通。不用我带了。"

就这样,苏婉正式成为一个广告文案。

有一段时间,全公司没日没夜地加班,却没有奖金可拿,同事们怨声连连,你推我让,没有一个人愿意站出来和老板谈谈。

苏婉默默地走出了格子间,敲响了老板办公室的门。她据理力争,说明同事们的努力和不易。老板居然被她说服,不仅给同事们补了奖金,并且主动要给她升职加薪。

老板认为她够果断,有说服力,微笑地说:"刚好最近行政位置空缺,你去做行政吧,工资上调三分之一。"

面对如此诱惑,苏婉却立刻拒绝了。她对自己的目标很坚定,来上海就是为了做一个厉害的文案。要是转去行政部门,跟从前还有什么两样?

没过几个月，苏婉跳槽了。

我十分惊讶："你不是才涨了薪水吗，为何要辞职？"

她用吸管戳着玻璃杯子里的柠檬，百无聊赖地说："老板太固执，只肯接同类型的项目。他是赚得满钵了，可我还有很多东西要学啊。"

就这样，苏婉在三年时间里换了四家公司，每次都是因为公司无法满足她的求知欲。初至上海，她是苦海求生，抓到一根浮木便立即抱住不放。如今她已经练成一身本领，游刃有余，可以从容地选择登上哪个岛屿了。

换工作这件事，好像磨砺出了她的锋刃。苏婉已然不再是从前那个沉默寡言的女孩了。她变得果敢，强势，像一个随时待命的女战士。

我问她："究竟是什么会让一个人有如此翻天覆地的变化？"

她说："大概越过了小心翼翼的防线，就会变得大胆，不再如履薄冰了吧。"

在能力不断上升的同时，她的野心也在与日俱增。有一天，苏婉正式对我说："我要给4A公司投简历。"

然而，摆在她面前的依旧是种种不切实际。没有一流大学的文凭，年龄上也毫无优势，甚至连英文水平也是一片白纸，走在街上和老外说句话也磕磕绊绊，吐不成句。不过我知道，当她宣布要去做一件事情的时候，一定已经做好了一半的准备。

果然，苏婉两个月前就已经参加英语补习班，还请了个一对一的英文教练帮忙练习口语。

有人给她泼冷水："学语言要趁早，你现在太迟了，连单词都记不住。"

苏婉伶牙俐齿地反驳道："那又如何？三年多以前，我站在人群里连中文都不敢说呢。现在不也可以了？"

那人被噎得哑口无言。在这种执行力超强的行动者面前，所有质疑都是徒劳，所有玩笑都显得刻薄。

半年多以后，苏婉过五关斩六将，拿到了一家著名4A公司的offer。一切都在她的掌控之中。目标明确的人会比别人走得更快，他们是一心一意在自己的星系里运行的星星，只顾发光发亮，永远不会偏离自己的轨道。

美国人常说："Forty is new thirty。"也就是说，在现代社会，四十岁依旧年轻，一样充满了活力和各种可能性。而在中国，人们对年龄依旧忌讳颇深。一旦步入三十岁的界限，便如临大敌。这本身何尝不是一件可悲的事情？

我们这一代人太擅长怀旧，十几岁时开始呻吟衰老，二十出头便自诩沧桑，早就养成了一副少年老成的派头。进入社会以后，被上司、工作、客户逐渐磨掉了所有脾性，因此更觉得丧气。

仔细一想，那些笼罩在年龄上的阴影不正是我们自己加上去的吗？人生从来没有固定的路线。决定你能够走多远的，并不是年龄，而是你的努力程度。无论到了什么时候，只要你还有心情对着糟糕的生活挥拳宣战，都不算太晚。

你的一生都值得你去热情地对待

我很喜欢别人跟我说，这个真好听，这个真好看，这个地方值得你请假去一趟……

一位朋友突然在吃饭时大叫一声："老板呢？"把服务员吓得够呛，以为发生了什么事。朋友激动地站起来说："这碗这么漂亮，哪儿买的，能不能卖给我？"原来是看上这只碗了，她不过是认同老板的品位而已。老板自然是出现了，淡淡地说："我收集的，我好这一口。还有一只，喜欢就送你吧。"一个热气腾腾的灵魂遇到另一个热气腾腾的灵魂。

一个爱书的人，提到他某天买到一款蜡烛，很激动地请了几个朋友来家里吃饭，只因为这个蜡烛名字叫"图书馆"：潮湿、油墨味、雨天、木屑……他要分享这图书馆的味道。

友人前不久在国外参加了一个54岁男士的毕业音乐会。这个男人小时候的梦想是当个音乐家，但是由于各种原因，后来学了飞机修理专业，当了一辈子高级修理工程师，自称高级工人。50岁他光荣退休，接下来干什么？实现梦想啊。他正儿八经报名去大学音乐系学作曲，跟小朋友们一起上了四年大学，54岁毕业，自己作词、作曲、演奏，钢琴、小提琴、竖琴样样都来，邀请亲朋好友来参加他的音乐会。这是一场多么感人的音乐会啊，友人说感受到了一种力量，热气腾腾的力量。人家50岁才开始呢。倒是很多年轻人认为梦想是空话白话，也可以说根本就没有梦想。

一个来国内旅行的美国大学生说，他很不喜欢一些中国大学生，因为他们无趣，除了房子车子不会聊别的。友人说起来很感慨，美国大学是没有年龄限制的，你经常可以看到50岁的老人与18岁的年轻人同班学习，互不干扰，互相帮助。她说有一天，她看到自习室里有一位头发花白的老绅士在认真地看书，前前后后坐的都是年轻人，那情形像是一道风景。

国外的年轻人都会有毕业旅行，意在寻找自己的梦想，这个过程父母是可以资助的。她的一个朋友就资助孩子去墨西哥旅行，而她的孩子真的在那里找到了自己的梦想——一个美丽能干的墨西哥姑娘。他租了一段海岸线（那里的海岸线是可以承包的，你可以使用，但有维护的义务），并承包了海岸线后的一片山林，在海边盖了自己的梦想小屋，凭自己的劳动在南美生活下去。他的母亲不但没有反对，反而很高兴：瞧，他终于实现了他的梦想。他一直梦想自己有一个海边的小木屋，屋里有个长发姑娘。瞧，他热气腾腾地活着，真好。

[你明知道该怎么做，就不要迟迟不去做]

[1]

有个兄弟，一直很懒，毕业后换了不知道多少份工作，由于没有什么技能，只能跑业务。

昨天，他给我打电话，告诉我，他不想再这样下去了，现在已经辞职，准备踏踏实实地学一门本事，"重新做人"。

我大惊，你受什么刺激了？

他说，他觉得自己三十岁了，还混得这么糟糕，心里很难受，于是想给以前的兄弟挨个打电话，告诉大家，自己想改变了。

当他联系到一个高中同学的时候，在qq上问人家现在电话多少，对方回过来一句：你是要推销什么还是要借钱？

看到这句话，他没有再聊下去，欲哭无泪，憋了很久，然后想起了我，觉得我是个不会放弃兄弟的人。

[2]

这兄弟跟我说，这些年他一直害怕改变，觉得要是改变以后失败了怎么办，于是就混到了三十岁。

听完这句话,我很生气,你哪是害怕改变,害怕失败,根本就是懒!你就是一屌丝,失败了大不了做回屌丝,你能失去啥?

他沉默了一会儿,开始狂笑,笑声止了以后,跟我来一句:"还是你最好啊,每次都跟我说真话,而且一针见血,看来我这电话打对了。"

是是是是是,我说的就是真话,他这么多年一直很懒,频繁换地方换工作,没有核心竞争力,更谈不上有什么积蓄了,再这样下去,找老婆都是问题。

通话接近尾声的时候,我问他,你知道摩西奶奶吗?就是那个七十多岁开始绘画,然后变得特别牛的美国人,据说大名鼎鼎的渡边淳一曾受她鼓舞,弃医从文。

他说,我知道啊,这人很厉害。

我用略带低沉的声音对他说:"是啊,我想送你一句话,这句话就是她的书名——人生没有太晚的开始。"

[3]

挂完电话以后,我想起了我自己,有人经常问我,你一个学法律的为什么会去教英语?文字功底不行的情况下,快三十的人了,为何又开始写作啦?

其实,人生哪里有什么一定要怎么样,或者一定不怎么样的,除了每个人都会死这一事实之外,谁都不知道未来的自己会变成什么样。

我们只能是在当时那个阶段做出自己认为对的决定,然后采取行动。

我想去教英语的时候,我就认真学,认真教,自己肯定会得到很多锻炼。

我想练演讲的时候,我就坚持练,坚持向高人请教,我的讲话能力肯定会得到提升。

虽然文笔不好,文章写得没有文采,但又怎么样?我正尽力地表达我想表达的，只要我坚持写下去，迟早有一天，我会突破，就算不能文采斐然，那也比现在好。

做了，能改变一点是一点，不去做，永远不可能怎么样。

[4]

最近收到一些留言，意思都差不多，就是，我今年要怎么样，要成为什么，但是我现在各种不行，请问我该怎么办？

说真的，我得跟这些读者大人说声对不起，看到你们这样的留言，我内心是痛苦的。

你能怎么办啊？你能做的，无非就是先把眼前的生存问题解决好，然后利用你发呆看手机玩游戏的时间提升自己啊！

我不是说你的想法不切实际，每一个为实现自己理想而奋斗的人，都值得去理解，去尊重。

但是，你做了吗？

也许你跟我说之前，已经想了大半年了，已经跟很多人说过你的想法了。

但是，你做了吗？

想法谁都有，大话谁都会说，但能坚持行动的有几个？

别去问怎么办了，没人能给你正确答案，其实你知道自己该做什么，你只是迟迟不去做罢了。

人生没有太晚的开始，但是，你总得开始啊！

[时间过得很快，
你的人生是否已经如愿]

七月如期而至。

坐在窗前写上半年的总结。时间快得让人有点措手不及。

人在特别安静的环境里，会想到很多东西。我恰好想到了生命，一直在体验却怎么也捉摸不透的一个命题。

日历上的数字，有点晃眼。然后恐惧感伴随着午后的阳光，弥漫在空气里。

好像从二十几岁开始，我们的时间就开始过得不像时间了。有那么一些时间段，悄悄地折叠起来，找不到存在过的痕迹。仿佛一天不是24小时，是下班后的3个小时；一年不是365天，是那么几个仪式感大于意义的节日。

跟同学聊天，才恍然意识到，十年前不是1996年。背着小小书包走进校园到现在，我们度过的是两个十年，却浑然不知。

在看似静止的时光里，我们不紧不慢地过着波澜不惊的日子。每一天像是复制粘贴，又好像不是复制粘贴。在忙完一天闭上眼睛安然入睡时，还以为时间很慢，岁月静好，事实上它已经甩了我们很久。

一年时间的流逝，渐渐在我们增长的年岁里减轻了分量。十年、二十年的时间概念，也不是我们想象不出的长度。

中午跟朋友在学校门口的餐厅吃饭。

十年前的这里，大概是一个叫做长福宫的地方。记得当时的老板娘是一个精致的女人，声音甜美，带一点南方口音，说话像唱小曲儿一样，笑起来像个少女。

当时没有这么多房子，有一个后院，和兴庆公园的景色相通。后院里布置得朴实，摆了几张厚重的木头桌子，几条板凳。

在设计周结束时，考试完成时，或者画图画累了，或者在心情不错天气还好的时候，会和同学到后院里吃饭，聊天，然后消磨时光。

那是会大声谈梦想的年纪，可以懒洋洋得好像没有明天一样。春天看百花盛开，夏天吹习习凉风，秋天叹黄叶遍地，冬天欢喜阳光依然温暖。

转眼五年过去了。一起傻高兴傻高兴的那一拨人，踏上了不同的征程。

转眼又五年过去了。我回来了，这里已经不是原来的模样。

物是人非已经让人感慨，如今连"物"也"非"了。

想来这并不是一件凄凉的事情。一切都在越来越好，虽然不是我们多年前设想的模样，岁月变迁带来的酸甜苦辣，沉淀了成长过程中的百般滋味。

时间无声无息地刻画着我们的模样，从懵懂到稳重，从天真到淡定，从恐惧到相信，从这里到那里，从我们到各自。

像无力阻止时间一样，我们无力阻止一切的突如其来，无力阻止记忆的越来越久远，久到要用力想还是一片模糊，远到仿佛是一场梦。

我们唯一能做的，大概就是跟时间握手言和，接受生命不同阶段赋予我们的使命，努力成长为一个多年之后回忆起来不鄙视的一个人。

主动或者被动，我们一步一步独立。离开了家的呵护，离开了校园的庇护，接触在不同的环境中，与不同的人打交道，经历不一样的事，编织着不一样的履历。

一直觉得我是一个独立还算早的人。中学开始住校，也开始学会自己做决定。但是做一个"不动声色的大人"，并不是一朝一夕的事情。

这么多年走来，选了大学和专业，又学别的；选了工作和恋人，又离开了；甚至选了家里的沙发和餐桌，也换掉了。

在反反复复之中，遇见也错过，努力也挥霍，辜负也被辜负。我以为曾经那弱不禁风的小宇宙，在不断被推翻又不断地搭建的过程中，变得越来越坚定。

但是遇到难题的时候，还是想躲到别人身后；受委屈的时候，还是想哭哭啼啼地告诉家人；面临选择的时候，还是想有一个可依赖的人帮忙做决定；不知所措的时候，还是需要一个强有力的声音说别怕。

原来遇到事情只会拉着大人衣角的那个我，并没有走太远。

有一天翻看日记，看到高中时爸妈留我一个人在家，我出去买吃的，回来开家门不小心把钥匙拗断到锁里，着急得哭。

再想想现在自己可以坦然应对比这棘手得多的各种无常，突然懂得了成长不需要惊慌。它没有想象中的那么快，也没有想象中的那么难。它不是一件急于求成的事，需要足够的时间和历练。而岁月终归会让我们变得足够强大，强大到能应对一切日常和无常。

又是一年毕业季，校园里的毕业生来来往往，欲说还休，欲走还留。

同学问我，你们当年本科毕业分别的时候，哭了吗？

我不记得了。

我记得很多事情，却记不起当年分别的时候有没有流眼泪。也许分别的时候我们说过好多好多话，许下很多很多约定。

现在我知道大家都在不同的地方各自努力着，偶尔见面，谈现在，谈未来。说起当年的事情还是会很激动，但是已经不是交流的主线。偶尔有人在班级群里发一两张当年的照片，然后一起捡起几块记忆的碎片，仅此而已。

我们终究不能还原岁月本来的模样。

每个故事那么短，每段岁月那么长，长到曾经以为会紧紧握住的东西，在某一个岔路口突然之间烟消云散。那些说不清的耿耿于怀，念念不忘，在不经意间已然风轻云淡。

一路走来，我们要不断告别，告别一些人，告别一些事，然后又马不停蹄地开始新的相遇和新的告别。

在一场场离别之后，发现时间并不能治愈任何东西，它只是把一切都淡化了。曾经那些天大的不安、迷茫、恐惧和无助，都轻而易举变成了回忆里一湾清水，安静，澄澈，不咸不淡，不惊不扰。当我们走近，那清晰的倒影会让我们明白怎么长成如此模样。如若愿意，轻轻撩起，淡淡的涟漪，模糊了容颜，迷离了双眼。

时间流逝，岁月无恙。

最可怕的事情，大概是我们永远不知道下一步将会遇到谁，然后遭遇怎样的一场兵荒马乱。对未知的恐惧，常常是在懂事之后慢慢加重，在成熟之后慢慢减淡。等我们能强大到把人生的一切无常看成日常，相信所有的相遇和告别，所有的迷茫和不安，都将会尘埃落定，幻化成风。

只是，岁月长，衣衫薄。

时间太快，一不小心就会被甩得太远。它就像芥末，认真起来辣眼睛。

[细细品味
光阴带来的美]

无论光阴之外，或光阴之里，我们都是时间的孩子。它牵着我们，深一脚，浅一脚地往前走，带给我们欢欣喜悦，也带给我们无限疼痛。

[1]

打开衣柜，着实吃了一惊。不知什么时候，衣服基本都变成深色系了，以一片肃穆寡欲为主，即便带点颜色，也是偏向暗沉的浊色。

以前的我，从来不是那种简素派，衣服颜色要多明亮有多明亮。鲜艳的红，扎眼的黄，翠翠的绿，俏俏的粉，穿在身上，张扬极了。

可不知什么时候，慢慢恋上了素色。每次买衣服，似乎唯有灰色、黑色、藏蓝才入得了我的眼。或棉或麻的质地，朴素，低调，内敛中带着一份厚重的力量。

我喜欢这种感觉，像保存了好多年的酒，慢慢品，才品得出它醇香的味道。

这应该是生活本来的样子吧。

口味也是一样。

以前最喜味道强烈的饮料，芬达、可乐、雪碧，咕咚咕咚喝下，一片酣畅淋漓，痛快不已。如今，最爱喝的都是很淡的东西，白开水、绿茶、花茶、白茶，随着一股淡淡的甜或苦入口，觉得日子就这么安安静静地走过去了，很美，很好。

淡中得味，这是岁月所赐。

[２]

有些女人带着热烘烘的肉欲，腻歪的气息，粗鄙乏味；有些女人像Ａ４纸，素白的规范，说不出哪好，又说不出哪不好；有些女人带着自命的清高劲，认为周围人都比她矮一截，大家都得围着她转，跟着她走。还有些女人除了钱一无所有，生活中只有花钱一件事：买衣服，做美容，用名牌，一掷千金，可是仍然空虚，寂寞，无聊。

我喜欢植物般的女子，岁月绵长中凝透出贞静的气息。爱花爱草，爱原汁原味的生活。姿态里不张不扬，眉眼间自行清明。

闺蜜敏就是这样的一个女子，像朵朴素的小花，有着明确的生长姿势，不大众，不随波逐流，也不过于小众，不落落寡欢。

每次去北京，喜欢找她待会儿。饱满的贞静，不浮，不躁，不腻。娴静淡然地坐在那里，有着惊天动地的静气。

我喜欢看她说话，她一说话的认真模样，像婴孩，干净，纯真。她笑起来也好看，有一种朴素的明媚，她沉静时又如静影沉璧，可是最打动我的还是每个刹那，一颦一笑，全是清静与自然。

她喜欢花草，看她家阳台里的那些花花草草，茂盛动人地生长在各类坛坛罐罐中，全是生命的喜悦。她也自己扦插或移植，看着它们活下来，一天天长出嫩芽，心中满满的成就感。

她喜欢画画，喜欢收集小物件，喜欢日常的琐琐碎碎，动人地温暖着活着。

是日，她旅行回来，邮寄给我一个在旅行中选的小本子。精巧的做工，超棒的纸质，只看一眼，就深深地喜欢上了。我告诉她，我最喜欢里面书签里的那个古铜色的小坠子。她大呼，这也是她的最爱。

是的，同类，连嗅觉都一样，爱花草，爱生活。

生活很美，我们不能丢了它。

[3]

喜欢慢慢地过日子，把日子过成诗。仿佛与世隔绝，但分明又感觉到内在的力量，饱满，生动，丰盈。

清丽的晨光透过窗户，斜斜地照进来。热了牛奶，煮了鸡蛋，与家人一起慢慢地吃着聊着，心里充满了喜悦。

和了玉米面，放点糖，加点葡萄干，在锅里烙着，旁边的宝贝坐在灶台上，和我一起聊着，欢快着，看着玉米饼慢慢烙上了一层诱人的金黄，这是我的柴米油盐。

经常一边洗碗，一边听歌，以前喜欢听古典音乐，轻缓的流行歌曲，现在也喜欢听崔健的摇滚，荒凉，沧桑，有时候听一首歌会想起一段光阴来。

越来越少聊天，有时宁愿沉默，或选择阅读。阅读也变得挑剔，一本书，入手，翻阅两页便知气息。朋友也一样，杂杂碎碎，闲谈是非的聊天内容甚觉乏味，空洞。

可是却要命地喜欢跟走进新的朋友拉家常。不多，三五知己。他们都是些与自己一起走过"青葱"岁月，走过悠悠时光的红颜，蓝颜。

我们看着对方从青涩到厚重。

如我了解他们一样，他们知道我的好，我的不好，我的坚强，我的软弱，我的快乐，我的落寞。

我们喜欢看着对方认认真真过生活的样子。我们开始懂得放弃一些东西，删繁就简去伪存真，那些不必要的人、东西会毫不犹豫地从精神硬盘中清除。

我们相互温暖着，深情地活着，一步一步地走在时光里。

我们一起把自己活成一种属于自己的方式。

[4]

我喜欢这样的生活，波澜不惊，小桥流水。

喜欢睁开眼看到身边有老公和孩子，睡眼惺忪中享受他们甜蜜一吻。喜欢在晨光中开始自己琐碎的一天，上班时把每一件该做的事情做好，回到家和家人一起在欢乐中柴米油盐。

喜欢在闲散的时候，读着喜欢的书，写着散淡的字。

喜欢在岁月绵长中历练自己的刚柔并济，凝练沉着。吃得了苦，担得了风雨，也享得了彩虹，始终保持对自然的厚朴之心，从不炫耀自己所有，也不羡慕别人所拥，踏实过好每一天，到老都有赤子之心。

喜欢把光阴与岁月的耐心加进去，把挫折与伤痛加进去，去掉浮躁，保持天真，保持独立的思想，人格，情怀，不攀附，不矫情，不做作，依靠自己的精神强度，不依赖那些空洞无物的外在来装修内心，保持自己的精神图腾。

喜欢生活中的世事打磨，时光里的千锤百炼，喜欢一步一步走在光阴里，一针一线过自己的日子。

【5】

　　撮上一点绿茶，放进白瓷杯中，随心随性，守着自己的拙朴淡然，闻着它的余香袅袅，品尝着世间一点点的好，一段段的光阴。

　　洗净铅华，见了真味，更知人生的茶杯里乾坤最大。

不认输，
不管你今年多大

[也许你适合走得慢一点]

王朔写过一篇文章，标题很调皮，叫《唯一让我欣慰的是，你也不会年轻很久》。

他说自己永远活在25岁。直到有一天，看到一个很心动的姑娘，心里第一个念头竟然是："这个姑娘对我来说会不会有点小？"这时，他才觉得原来在爱情面前，要服输。

我也是一个对年龄特别不敏感的人，从没有给自己设置过任何年龄限制。觉得年龄这东西，除了在某些极限运动或者爱情（主要指生育）里面，的确起到一条金线的作用，对于人生大多数事情，年龄都不是问题。

即使大公司招聘，"35岁以下"的要求下面，也常常跟着"特殊人才可放宽限制"。更何况如今越来越多的人，把自己活成了U盘，即插即用，不依托于哪个公司哪个组织，生活方式已经拓展到，不开公司却做自己的老板。

我面前曾经坐着一个26岁的姑娘，她的目标是30岁以前找到自己喜欢的人与事，然后相伴一生。

"如果30岁还没找到，我就认输，随便混了。"

她的手指尖在茶杯的杯沿处一圈圈划过，仿佛那里面藏着一个慈悲的救世主，可以因为貌美如花的撒娇，而将一颗许愿星交在她手里。

我忍不住回想自己的30岁，如今我爱的人与事，都不是在这个年龄之前搞定的。我将自己最宝贵的二十多岁浪费在一家暮气沉沉的国企里，但这丝毫没有妨碍我在30岁之后奔赴新生活的步伐。

像张爱玲说的"出名要趁早"，在30岁之前，获得名气与财富、爱情与婚姻，知道自己要什么，能做什么，当然是一件好事。然而，你又怎么知道你是否是另外一种人：适合在30岁之前走得慢一点，积累足够的勇气，30岁之后迈出坚毅沉稳的步伐？

[每一个年龄段都要放下一些东西]

关于年龄的紧迫感，每个人都有。

当你发现主管比自己年轻，风投开始青睐90后，在你出生那年创立的品牌，90%已经灰飞烟灭，剩下的也在商标下面加一个"Since××年"，以显示与百年老店的近亲关系，你会觉得时间像被一下子偷走，而不是一天天过完的。

然而，因为年龄的紧迫感，而给自己设置做某事的年龄上限，并不会因此让时间放慢脚步，只会增加更多的焦虑。

这不是为自己负责，而是对岁月撒娇。让我想起我4岁的小女儿，每当她担心我不答应她某件事，就会说，如果你现在不答应我，以后给我我也不要了。

既是撒娇，更是因为没把握与怕输，所以要划一条年龄的金线为自己遮羞。无论这条金线划在30岁，还是40岁，所显示的都是你既放不下欲望，却又信心不足。

20岁的时候，我特别想要男朋友送我一条镂空花纹的围巾，当时在商场看到，价格不菲。

30岁的时候，我鄙视一切缕空与蕾丝，深深为它们身上的廉价感震惊。

我当然不会承认是因为我的身材再也无法穿着蕾丝黑背心与短得不能再短的红色热裤，挤在公共汽车里，享受身后男生的指指点点：哇，这女孩身材真好。

人在每一个年龄段都会放下一些东西，这样地放下，与输赢无关。它是对自我需要更加具有自知之明之后的选择。

[与年轻相比，选择权更重要]

生活不易，人干吗要跟自己过不去呢？当你发现，有许多衣服已经不再适合你，与其悲伤岁月是把杀猪刀，不如欣喜若狂地认为自己的品味果然随着岁月的积淀而突飞猛进。

你不再是一个随便的姑娘，随便换个工作，随便买件衣服，随便谈一次恋爱，不代表你老了，而代表你终于有选择的资格与能力了。

与年轻相比，选择权更重要。

能穿薄露透的时候，你在害羞；穿不了的时候，你在后悔。这是我心目中唯一可称为"输"掉的人生。

人的一生，是在不断与自己做生意，无论什么年龄，我们都不能做赔本的买卖。当你决定，或者身不由己地要放弃一件事，一定要拿出等量的得到来交换。

放弃事业的奋斗，就要交换生活的安稳，在业余爱好中获得成就感。

放弃爱情的追逐，就要交换一个人的清静、自足，或者为婚姻而婚姻的现世安稳。

放弃稳定的工作与生活，就要交换十分的努力，去成就一个时刻鸡血在线的姑娘。

[失去的留不住，得到的最重要]

对于一个忙着与上帝讨价还价的人来说，什么年龄应该认输，这真是个难题。

只能说，什么年龄，都有得到与失去。这不是年龄的悲哀，而是生而为人的宿命。不要为失去的而悲伤，以为那就是年轻时的光耀；更不要因为失去，而将你并不看重的东西，加持了宝贵的光芒。

失去的留不住，得到的最重要。

当息影多年的山口百惠，拿到日本最高规格拼布大赛的奖项，她不是大明星，而是一个可以安静下来，与宁静、耐心做朋友的女人。你很难说清楚，究竟是做大明星还是做拼布的主妇更幸福。

或者所有这些，只是一个幸福的女人的不同阶段。幸福就像一壶茶、一碗汤，当你喝完了一碗，就要期待下一碗。人与人之间的区别，不是谁能永远年轻，而是你在怀念上一碗，还是期待下一碗。

愿我们永远做期待下一碗的人。满怀热情地投入更加得心应手的新生活。如此，什么样的年龄，都不必认输。

哪有什么本该放肆的年纪

哪有什么本该放肆的年纪!
不过是你自己给自己找了
一个任性的理由罢了。

谁的二十几岁
没犯过这些错误

周末参加一个活动，中途我去洗手间，出来被一个小姑娘拦住，她约莫二十出头的样子，长得羞怯，说话却大方："我很喜欢您刚才的演讲，能跟您聊几句吗？具体要问什么我没太想好，就给我一点人生建议，行吗？"

突兀的问话像是给我点了穴，我傻愣在那里，不知道该说什么好，没想到的是我也到了能被问人生建议的时刻，要么在别人看来真的是老了，要么就是真的功成名就了。当然，我肯定属于前者，三十岁的人了，谁说我老，我都不会挣扎着反驳。

因为二十岁的眼睛看三十岁的人，一定是觉得彼此隔着千山万水，多活了十年，应该攒了点拿得出手的经验，时间挥霍了我们的青春，总得留下点吉光片羽。

或许是性格使然，我分享不出光辉闪闪的成功过往，回过头去看，所有的成长都是踩踏着满地的错误来实现，很难跟光彩二字扯上关系。

有时我会羡慕那些一路走来自我保护的很谨慎的人，整齐精致地迈向三十岁，每一步棋都走得无懈可击，但我清楚地知道，我完全没有做到步步为营，但是我感激犯下的所有错误。

之所以说是错误，是因为它们未必再适合现在的我，甚至偶尔想起来还会觉得"不应该"，但我成为现在的自己正是因为这些必然要犯的"错误"。

[拼命赚钱]

是拼命赚钱，不是努力赚钱，这两种程度之间隔着十条街不止的距离。

二十多岁的时候最有拼劲和闯劲，精力足也学得快，有时候你多跑十步胜过十年后多跑百步。在二十几岁尽可能地赚到人生第一桶金，会帮你以后更快速地积累财富。

说句最直白的，你有十万块钱再去赚一百万的可能性要远大于从零开始再赚到一百万元。

你要知道，工作不是赚钱的唯一途径，多去关注其他行业，尤其是新兴行业，探索一些新的可能，哪怕是不起眼的事情，你也会有收获。

我读研究生的时候，做过"倒爷"。那年去香港玩，买了两款罐装唇膏，十分貌美，每次拿出来用都被人问在哪买的。我琢磨了一下，唇膏价格在大家可以接受的范围内，在当时还不发达的某宝搜索发现这款唇膏售价比我买的高出40%—60%，再加上往返北京和广州的运费，单买一只唇膏非常不划算。

当时我灵机一动，决定做团购，让一位在香港读博士的学姐帮我发货，我在学校论坛发帖招募人购买，价格当然比某宝买价低，没想到第一次团购在三天之内就卖了几百只。

就这样，做了很多次唇膏团购，我赚了两万块钱。在2010年，两万块钱对于穷学生来说是笔不小的数字，很多同学说你赚钱真容易。看起来是容易，无非是发帖接货发货，但其中很多细节是别人不知道的。

团购的发货时间都在晚上10点之后，取货人多，我得在宿舍楼大厅里待到12点才能回去，夏天被蚊子咬，冬天抱着热水袋也还是冷。

有时候一下子围上来十几号人，取货给钱找零，还有没参加团购的人好奇过来问，我都要一一应付。最要命的是，还要处理各种奇葩问题，有人拿假币，有人当场告诉你这不是我想要的，或者是临时换货……

发完货回宿舍，看见有人跟男朋友煲电话粥，有人在被窝看韩剧。相比之下，赚钱岂有容易二字可言？没有一分钱不是血汗，虽然这不是我第一次赚钱，但是跟上学期间一直跟家里伸手的人，我更早地知道了赚钱不容易，得珍惜。

后来我还做过类似的团购，我知道赚这样的钱不存在特别高的技术含量，但是在当时我对社会的认识和了解当中，这是我能用吃苦换来的最大价值，早吃一点苦也没什么不好，人生的苦和甜都是相当的，我相信我能交换到甜头。

对，是钱帮我尝到了甜头。

手里有了几万块的积蓄后，我没有乱花，我在计划怎么花才能赚得更多。这个"更多"里，不只是钱，也包括其他。

想在心理专业上提升自己，当然要多参加学术讨论和培训工作坊，工作坊价格都是很高的，几千块钱是稀松平常，很多同学舍不得花这个钱，但是我舍得。

如果没有当初拼命赚的钱，我承认自己消费不起昂贵的培训费，在咨询方面的进步也不会提升得那么快，当然也就没有了后来的很多可能。

培训期间认识了一名学长，他自己开了公司，业务内容也是基于给心理学研究提供一些报告和方案，他说如果你有兴趣可以尝试着写报告，作为我这里的兼职研究师提供报酬。

除了自己的作业和课题内容，我花了很多时间了解了相关的文献，在这个过程中弥补了知识盲区，了解了如何将心理学研究成果转化为可以实操的内容，甚至体会了一家公司是如何工作以及他们需要什么。

熬了几个晚上，牺牲了两个周末，我终于提交了第一份报告，学长很满意。后来我们发展成长期合作，我把之前参加工作坊的钱又赚了回来。

工作以后，我继续兼职做咨询，拓展其他收入。很多人跟我说，你一个女孩子，不用那么拼命。

我想说，如果赚钱能让我过得好一点，我不介意在二十几岁的时候这么拼命，因为我不知道未来的我，或者是三四十岁的我有了其他生活羁绊后还有没有拼命的资本，而当年的拼命也保障了我在以后精力衰减、学习能力下降之后依然有前期的积累打底，不用过得特别辛苦。

钱其实没有给我带来超出一般人的快乐，但是它能带我到一个新的地方和阶段，这是拼命赚钱的意义所在。

现在的我没办法再像以前那样持续消耗自己，懂得了平衡健康、生活和工作，从现在倡导的"慢生活"角度来看，拼命赚钱是一个错误，但这个错误让现在的我有了底气，我二十多岁时候的拼命给我底气。

[不留余地地去爱]

赚钱肯定不是二十多岁唯一的任务，旺盛的荷尔蒙和仿佛耗不尽的情感需求催化着我们接近爱情或者是某个人。

人类一生都需要爱需要陪伴，但每个阶段能得到的爱都不一样。有人说，如果你保持一颗年轻的心，什么时候都可以遇到爱情。这话没错，但是走过了才能体会，三十岁的爱情尽管你再认真，但做到全情投入，实在是特别苛刻的要求。不是你不愿，是你做不到了。

你有了顾虑，有了疮疤，会不由自主地计算得失，聪明是聪明了，但这种计较不会让你痛快。三十岁的爱依然存在，但已经是在一个有限范围的爱，它丧失的是"初生牛犊不怕虎"的那份勇敢和果决。

二十岁的时候我敢为爱走天涯，但是现在我会眷恋柔软的床、舒服的咖啡馆、北京的五环路，哪怕是一碗家附近的热汤面都能挽留住我，不是不爱了，是我有了羁绊。

不留余地的爱就应该还给二十岁，为一句话甜蜜，为一张面庞倾倒。如果爱着你，北京零下二十度的夜晚我都愿意陪你压马路，能给的我都给，而你也请交给我你的全部，让我们的人生纠缠在一起，拭目以待能描绘出什么样的天地。

二十岁的我眼里容不下一粒沙，现在的我知道了有些事要睁一只眼闭一只眼；二十岁的你能不眠不休搭硬座来看我，现在的你却觉得少见一次并没有什么关系。如果曾经在二十岁爱得跌宕起伏，全身心付出，三十岁的你才心甘情愿接受平凡可贵，才不会留存那么多后悔。

在最年轻的时刻，我给了最真实的我，我遇见了最坦诚的你，我们在这段关系里不留余地，不谈得失，人生难得几回如此淋漓饱满的付出和索取，这才能称之为真的爱过。

前几日回母校见老同学，她说回到这里我又觉得难过，虽然已为人母，但还是遗憾，当初我为什么矜持退缩，为什么不多爱一点。

三十岁不仅衰老了皮囊，那颗心也疲惫了。

就算当年爱错了，也没什么可怕，要犯错请趁早，更何况，没有全情投入地爱过，你是永远学不会如何去爱的。

[无条件信任]

肯定有人告诉过你，不要轻易相信别人，更别提彻底的无条件的相信了。现在的我也这么认为，但如果能重返二十岁，我依然会选择无条件地去相信。不是没被人愚弄过、骗过、伤心过，所以敢天真妄言，而是二十岁输得起一份信任，但要是赢了，赚的是人与人之间最本真的联结。

抱持无条件的信任，没有让我活在小心翼翼的猜忌中，这是简单而快乐的，也是因为交付了信任，对方感知我的真诚，无须彼此试验，便达成了最坚固的友情。如果当初怀着试探的心情，可能会少受一些伤害，但也可能失去了可贵的情谊，这个赌注值得放手一搏。

当大多数人年龄渐长，防备变得越来越多，即便你们都是善良的好人，也未必有运气能成为挚友，你会变得一切以利益为先，这真让人身心疲惫。

幸好曾经有过的无条件信任让我看到了美好的部分，所以退一步我仍有可以互相信赖的人坚守。这都归功于二十多岁的时候大胆无邪，就算每一次都被辜负又如何，这些失望终会结成温柔的茧，成为你的保护壳。

现在看来，当时很多不由分说的信任都是错的，但如果没走过这一遭，可能三十岁的我还学不会分辨，并且失去了被信赖和信赖他人的幸福感。

[有冲动就去做]

我曾以为我会永远年轻，永远热泪盈眶，至少二十几岁我不停踏上旅程的时候对这一点如此笃定。

但是现在我的体会却是，折腾不动。

我做过不少冲动的事情——

听说夜爬香山登顶会看到最美的风景，于是我决定当晚就去，第二天我看到了最美的日出；

大学在论坛上认识一位非常聊得来的女生，从未见过面，有一天她说再等一个星期就要出发去德国留学，遗憾没有见到我。我第二天就买火车票坐了一夜硬座去武汉找她，那是我所有武汉之行最开心的一次，而她也成了我唯一见面很少却有深入交流的朋友；

还有当年莫名觉得做口译特别酷，于是花了一个学期苦练口语，最后考下了口译证……

看起来冲动之下的每一件事都跟我的人生主旋律没有太大关系，甚至可以说是偶尔走了一截弯路，但即便它们都是无用的，也有勇气和魄力值得怀念。

冲动这个词，听起来就属于青春，以后的你会无奈越来越多，冲动的势力越来越微弱，大多数时候情绪是平稳的，说不清是看淡还是麻木，但早已难有冲动难以肆无忌惮，即便偶尔闪出想要做这做那的念头，稍候片刻也会被心里的另一个自己打败。

生活就是如此，需要我们学会压抑和克制，这注定是日臻成熟的方式，但为什么不在二十几岁还能保持激情的时候尽情去做想做的事呢？即便有一天老去，想起我曾经满足过不知天高地厚的那个自己，还是会感到欣慰。

就像现在三十岁的我，做任何事都会习惯性地权衡：值得吗？有意义吗？我能得到什么？

这不失为一种精明，但再难尝到当年的快感和潇洒的滋味。或许，这正是那些冲动之下做的事情表现的"无用之用"，它们偷偷地让你一点点去接近自己最本真的样子，不经意间丰富了你的人生体验，扩展了你的视野宽度，是它们让你的青春有那么一点与众不同。

看起来差不多的三十岁，背后却拥有不同的二十岁故事，或许是因为每个人都犯过不同的"错误"，但这些错误真正可贵。笼子里的金丝雀犯过的最大错误不过是打翻了食盆，充其量算是茶杯里的风波，可是招惹过秃鹰，险些丧命在猎人的枪下的飞鸟，虽然遍体鳞伤，但这些错误能让它自由，让它更富有生命力。

  如果现在让我再重新活一次，我还是想再认真完整地犯一遍这些错误，只可惜，很多东西，不能重来。

别遗忘了你
最初的梦想

再也不要把好东西留到特别的日子才用，你活着的每一天都是特别的日子。

有朋友分享了个小故事：一对兄弟家住80层，一天外出旅行归来，遇到大楼停电，于是决定爬楼梯。兄弟俩背着行李爬到20层时，哥哥提议把包放下，等电梯来电后再拿。之后，他们继续向上爬。到了40层，两人实在累了，开始互相埋怨，指责对方不注意停电公告。就这样一路爬到80层时，却发现钥匙竟留在了20层的包里。

有人说，这个故事其实照应了人生：20岁前，活在众人期望之下，背负压力但充满梦想；20岁后，远离压力，开始卸下包袱追逐梦想；到了40岁，发现青春已逝，不免遗憾和追悔，在惋惜和埋怨中度过；到了生命尽头，才想起自己好像有什么事情没完成。原来，梦想都留在了20岁。

我闭上眼回想自己的梦想：在中学生国际奥林匹克竞赛上赢得奖牌、考上理想的大学、当一名大学老师、周游世界、去贫困地区做志愿者、拍一部纪录片……多么美好！睁开眼，那些美好的梦想原来都只在回忆里。人生好比爬楼梯，可又不同于爬楼梯，包裹留在20层还能回去找到，可梦想失去了却一去不返。

到底是什么，让我们将曾经执着追求的美好梦想都被遗忘了？让我们把镜头拉回到20岁的"青葱"岁月。那时的我们可能刚走出校园，或是刚找到工作，开始远离父母的唠叨，不用再理会期望下的压力，渴望轻装前行。但梦想，却慢慢被忘记、抛弃。前行中，有时或许会想起被扔下的梦想，也许还动过重拾的念头。但现实生活的压力扑面而来，能力不足又尚不够成熟的我们，很快就放弃了拾起梦想的念头。结婚、生子、房子、车子、加薪、升职……梦想呢？没有它的位置！我们每天都很忙碌，甚至没有时间停下来想一想当初为什么出发，更别说被遗忘的梦想。

一晃就到40岁，此时已完全融入现实生活的我们，很少会纵向比较自我梦想的实现，而是更热衷于横向比较，比谁在物质上更富有、事业上更成功。不满于现状的人，陷入遗憾和抱怨，独独少了对自己的反思。压力太大、身不由己、人生苦短，都可以作为梦想搁浅的借口，却少有人去想，最初是自己丢弃了梦想。安于现状的人，也常会在舒适安逸中忘记了还有梦想等待实现。直到人生迟暮，许多人想起了年轻时的梦想，可惜已垂垂老矣，心有余而力不足。

梦想为何只能留在回忆里？读完故事，这个问题久久萦绕，却一直没找到答案。直至读到莫言写的一个故事。在故事中他讲述，一位同学的太太刚去世，这位同学在整理遗物时，发现了一条丝质的围巾，那是他们去纽约旅游时，在一家名牌店买的。他太太一直舍不得用，她想等一个特殊的日子才用。讲到这里，他停住了，好一会儿后他说："再也不要把好东西留到特别的日子才用，你活着的每一天都是特别的日子。"

"活着的每一天都是特别的日子"，多么震撼人心！带着这句话去思考梦想，能不能把生命的每一天都献给自己的梦想？如果不想在回首往事时叹息志未酬、梦未圆，就请别把梦想留在20岁的青春回忆里。

努力赚钱对一个女生来说究竟有多重要

之前说过一个印象很深刻的段子。

大意是说一个女的在菜馆喝肉粥，发现她那碗没肉，便叫老板过来对质，老板说煮化了。那个女的越说越激动居然哭起来了，老板被吓住了说给她免单。那女的说我不是为这个哭，我难过的是我才二十多岁，还因为一碗粥跟别人斤斤计较吵起来了。这根本不是我想要的人生啊！

第一次看这段子时，我笑笑和闺蜜说，这足以证明找个有钱的男朋友有多重要。

后来我真的找了个有钱的男朋友，每天吃吃喝喝玩玩乐乐的，挺爽。

某次发生分歧意见，吵得很凶，当时正在外面吃饭，他叉子一扔就走了。本来我是赌着气一个人吃吃吃，吃了几口突然想到他还没买单呢。我粗略估计了一下，两个人吃这些将近一千四百元。当时我卡里有两千元，是爸妈给我的一个月的生活费。

我就没骨气地给他打电话了，我说你回来接我吧我知道错了。

然后我就意识到了，没钱多憋屈。没钱就有阶级隔阂。

其实这社会对男女的要求挺不一样的，一个二十多岁的女孩子，每个月能挣三四千元，有份稳定的工作，模样过得去，身材过得去，大家就觉得，这妹子挺不错啊。

男人就不同了，二十多岁的男人，一个月几千块，除非家底不错，稍微好点的女孩子都嫌弃的。因为二十多岁要考虑结婚买房这些事，你一个男人几千块，啥时候攒得齐首付呀，以后买房后还房贷呢，养孩子呢，几千块再升工资能升到哪儿去。

可家底不错的，又怎么会让孩子去做一个月几千块的工作。

大家普遍觉得，女孩子挣的是零花钱，男孩子是养家钱。自从我有危机意识后，我就开始想办法挣钱了。我多懒的一个人啊，我还老写软文回答知乎问题多骗点粉。我得诚实地说，起码很大一部分原因是我瞄准了自媒体这一块儿，我想靠它赚钱。

包括我找的兼职，嗯，钱不多，一小时十块钱的样子。第一，不会很忙，我有时间写东西。第二，有趣，接触不同的人能给我灵感。第三，能学到怎么做咖啡，好歹以后有个一技之长。

现在每个月写写软文接点推广能有两三千元，加上做兼职的和爸妈给的生活费，每个月花五六千元。

我不存钱，我觉得存钱不如花在自己身上来得开心，女孩子不需要存钱啊，存钱干吗？当嫁妆啊？

之前有个阿姨说有个华科大四正在实习的男孩子看了我照片，想和我聊聊。我和他微信聊了会儿。读了个211的高校就一副了不起的样子，语气满满，一副"我这个高材生看上你这个专科生是你的福气，还不来跪舔我"。

我问他实习工资多少，他说两千元。我说噢还不错啊。他说那肯定了，像你们专科女的，以后能拿几个钱，都是靠男人。

我说噢，可我赚得比你多，然后拉黑了他。这感觉真爽。

我是先混热门那一圈，再混知乎，再开公众号的。很多个凌晨顶着黑眼圈想段子抢热门，还有定闹钟抢热门的时候，真想放弃算了，找个男朋友混吃混喝多舒服啊。关键是那时候并没有人找我做推广，很是挫败，也庆幸自己当初坚持下来了。

哪怕是现在，在我兼职刷碗刷得手酸时，在别人找我写软文为千字100还是千字80讨价还价时，在接刷单广告粉丝在下面嚷嚷取关时，都让我有种想私信王思聪问他"后宫团介意多一个吗"的冲动。

然后笑一下，继续该干嘛干嘛。自己买花戴的感觉其实挺好的。

我呢，其实挺矫情的，还有一层想法，就是希望在我遇到喜欢的男生时，周围的人不会觉得我是图他的钱。有时候也会想想，假如，我是说假如，这辈子我嫁不出去了呢，那我只有靠自己过得好一点。

哪怕现在不够好，只要在奔跑就好呀。有钱就能选择让你真正心动的那个人而不是能给你高质量生活的人。有钱就能选择你喜欢的工作而不是某个高薪工作。有钱就能买你喜欢的衣服而不是考虑吊牌。

努力赚钱，为的是能买下爸妈舍不得买的那些东西，为的是不管喜欢一个富甲一方还是一无所有的人，你都能坦然张开手拥抱他。

其实深层原因还是我爹告诉我的一句话："你有钱，你就知道诱惑是怎样的，你没钱时，只能心虚地说你经得起诱惑。"

你看电视上那些《非诚勿扰》的漂亮姑娘，那一场场等价交换的相亲征婚。

不想买名牌的只有两种人：不知道名牌的和买得起名牌的。

我朋友圈有很多男朋友很有钱的女生，也有很漂亮却当微商当代购的女生。其实都很辛苦，我不会屏蔽任何一个这种女生，她们都在自己选择的路上厮杀。

高中的时候，每天披着校服叼着辣条早读的青春洋溢的脸；大学后，满校园穿着潮牌的男生和精致妆容的女生，大家真是都长大了。

我也羡慕那些漂亮的，从不缺"提款机"的女生，可惜我不是；我也很想高枕无忧拿张男朋友的副卡刷刷刷,可惜我没有。

我也很想有人披星戴月屠龙染血来吻我,可惜没有。那也无妨,你也可以拿起剑,去让它染血。

你的能力是谁都抢不去的资源

把现有的资源投资在自己身上，别人抢不走，也消灭不了。只要你还存在，就带着无限可能。

有段时间，我觉得自己的生活变得越来越"贵"。

花出去的很大一部分钱并不在于吃穿，而在于一些看起来挺无用的东西：我喜欢攒票根，有时候翻翻，发现攒得最多的是去各个地方的火车动车票，还有很多画展票，话剧票，分享会门票或者音乐节门票之类的纪念册。

这些活动的支出其实并不是一笔小数目，有的来自家里资助，更多的来自自己赚的零用钱。

我并不是什么富二代，从小家里还算宠着，所以也没有经历过那种特别难熬的日子，有时候看到好看的包包也会忍不住下单。

可是我明白，漂亮的衣服穿在身上，漂亮了不少，可过不了几天就旧了，然后被新衣服代替。

可那种美是单薄的，而且太短暂了，就像春末落红，缤纷鲜艳不再，也只能随流水逝去或者变成春泥衬托来年春光。

古时候郑国有人买椟还珠，舍本逐末，那是目光浅薄的人才做出的事情。二十多岁的你，请不要光做一个漂亮的盒子，却虚着内心拿不出一颗漂亮的珍珠。哪怕吸引来了一些垂涎看客，却只如曹刿口中的"肉食者"——"鄙，未能远谋。"

经常听同学们相互调侃，"这个月又要吃土了"，看上了一支颜色漂亮的口红，想到喜欢的裙子又要上新的了，却迟迟不敢动手，犹疑不决。因为欲望不断膨胀，而囊中羞涩，开源不得，又狠不下心节流。

我也抱怨过喜欢的东西太多，而生活费太少。直到如今天天赶稿子用时间和身体劳累赚得一点小钱，反而不愿意投太多钱在吃穿享乐之上。我忽然醒悟过来，像浸在寒夜的冷水中忽然抬起了头，一片模糊中却看到了光亮，也懊悔没有早一点明白这个道理：

在我们这个年纪，很多人会把关注点放在"我有多少钱，够买什么？"，而不是在想"我如何用现有的钱赚更多的钱"，或者"怎样提高自己的价值和效率，从而省下更多的时间去做别的事情，创造更多的价值。"

之前我说去考了心理咨询师，然后就有非常多的读者在问我报考心理咨询师的事情。其实对我来说，也相当于一次对自己的投资吧：

从高中开始对心理学就有兴趣，自己买过教材看过，无奈并不专业，对很多专业名词一知半解，只好作罢，但是隐约放不下。

大二下学期自己的时间比较多，所以就和我爸商量，想去考国家三级心理咨询师考试，一是为了证书，更重要的是想系统地学习一下关于心理学的理论知识，也算弥补了以前的一些遗憾。

我们这边有学长学姐帮忙牵线搭桥，联系上了一个培训班。但是因为上课的地点太远，只好报了网络课，看着屏幕上的老师，问不得，只好听着。

两本厚厚的教材，一本基础知识，一本实操，还有厚厚一摞真题，从零开始啃。

四月学得断断续续，五月开始冲刺，虽然难，其实也并没有那么难，毕竟是应试性比较强，反复做真题之后也能摸清楚一些"套路"，记、背、分析之后也有了一些知识框架。后来考试发挥得比较稳定，比预期还好一些。

那段时间拼命背书真的挺痛苦的。但是想想如今对于心理学的一些基本的东西逐渐思路清晰，而且发现社会心理学里很多概念可以拿来分析当下的一些想法，也算是收获，弥补了高中时的遗憾。

其实心理咨询师三级并没有什么，只是一个相对入门的坎，还没有给咨询者做咨询的资格，也不教读心术，心理学没有大家想象的那么高大上和神秘。如果你是为了装蒜我建议不要费这个力气，如果你是真的喜欢，我建议你去试一试。

与我而言，是值得的。因为这笔钱和这些时间是投入在我自己身上，对我之后的为人处世有所指导，对一些问题的分析都更加理性和客观。

有时候觉得自己在做一笔投资，把钱和时间投在自己身上，将自身变成一个转化器，如何将每天所见所闻、所感所学进行发酵，创造出另外一些新鲜而充满价值的东西。

钱可以变成很多东西，很多东西可以变成钱，很多东西也可以变成很多东西。

你的修养，你的眼界，你的气质，你未来的种种可能。

二十多岁，无论男女，都应该把重点放在，如何投资自己，创造更多的价值，而不是挖空心思去想，怎么样才能把钱花得更爽。

上次和一个读者讨论起起"网红"这种神奇的产物：那位读者的一个朋友很羡慕那些在网上卖个萌勾勾手指就引得一群人惊呼"女神"的姑娘，于是励志也要成为新生代网红，每天花大把时间在穿衣打扮上，修好最满意的照片上传到网上，期待着某天能够轻轻松松地靠美貌获得众人爱戴。

那个读者劝她的朋友"这不现实"，那想成为网红的朋友却觉得周围人是在嫉妒她，结果两人还为此争执了起来。

那个读者气不过，跑来问我："维安，你对'网红'怎么看？"

如今网红其实很难当的（靠脸那种），她越美，就会越害怕她未来美丽消失的那天。

因为这个时代人们的兴趣点和热情更新得太快，你根本不知道下一个会火起来的是谁。可是当她被众人推至制高点的时候，下一秒她就有可能摔在地上，这等云泥之别的差别待遇，不知道她能否承受。

人在二十岁的时候，常常觉得自己从头到脚都是新的，因为是最青春的年华，所以一定要好的东西来配，于是渴望着名贵的衣服，包包鞋子，众人爱戴称赞，要在最美的年龄过上最优质的生活。

可是年轻的容颜是会衰老的，固定的资产是会被消耗的。二十多岁的时候，不能只看着华丽的橱窗数着钱包里的钞票，我们已经有权利问自己，我如何将现有的资源转化为价值，而不是一味地消耗下去。

用懒散和享乐来填充生活的空虚，没有比这更傻的了。

我很喜欢的马来西亚歌手zee avi有一首歌叫做《just you &me》，里面的一句歌词唱得是我期待的生活状态：

"There's so much in the world that i'd like to soak up with my eyes."

"大千世界里还有如此多的东西等我们去发现。"

让自己的眼睛里看过尽可能多的东西，让大脑里装进尽可能多的知识，遇见尽可能多的人，让生命有尽可能多的可能性。

[世界太大，
   别把自己弄丢了]

毛姆说：如果你忙于在地上寻找那六便士，你便不会抬头看天，也便错失了那月亮。可是现实中，月亮和六便士的关系远远没有那么简单。

[他去看了世界　回来却找不到自己的世界]

Y是我的一个朋友，前媒体人，年近30，在一家工资都发不太出来的小公司，随时准备辞职。前几天，他让我帮他介绍工作，这已经是他第三次找我帮他介绍工作。说是帮忙介绍工作，其实他也并不清楚自己要做什么工作。

他是个挺潇洒的人，起码看上去是。能写文会画画，偶尔还玩玩乐队。当年说辞职就辞职，背上行囊一个人跑到美国待了大半年，朋友圈里传的照片全是旧金山的纸醉金迷。如果不是他打电话来找我帮忙介绍工作，我都不知道他什么时候回来的。后来我才知道，他回来半年有余，已经换了三份工作，按他的说法，都不太靠谱。

和之前做媒体人的那份光鲜比，现在的工作的确都不太靠谱。Y之前做的是汽车记者，那会儿纸媒还是风生水起的时候，厂商三天两头就有活动邀请，出入皆是五星酒店，时不时还有个宾利玛莎拉蒂的试驾，一群乙方跟在后边老师长老师短，随便拿点车马费，也是笔不小的收入。

不过Y在赴美之前就已经立志离开他原本就不怎么热爱的汽车圈了。按他的说法，纸媒衰微，国家严打，记者现在出去跑会连个车马费都拿不到了，也不值得再留恋，宁可去新的行业从新人干起。

回来后，他就开始了频繁的尝试和跳槽，市场、策划、销售……各种不靠谱的小公司，月薪少则三两千，多则也不过四五千。我说我特羡慕你这种说走就走的潇洒状态，但是你真的一点都不担心未来吗？他说怎么不担心，我都担心死了！

按Y的说法，在美国半年就花光了自己所有积蓄，所以现在当务之急还是解决温饱问题。

[人到三十　往前一步到底是什么]

Y很费解，为什么一个三流大学的应届生找工作都比自己顺利？我说人家当然比你顺利。职场"老人"最重要的工作经验你没有，应届生的冲劲儿、学习能力和服从意识你又没有，而且你还比人家老，企业当然不愿要你。

这不是Y一个人的苦恼，最近很多工作了几年的人在后台发来咨询，觉得自己的人生道路越走越窄。毕业头两年还有不断试错的机会，工作越久越难转型，快到30的时候，焦虑感往往达到顶峰。

那些觉得世界这么大需要去看看的，多半都是这个年龄。说白了，社会压力大，中年危机提前了。与其说想去看看世界，不如说是不管三七二十一把所有烦恼先丢在一边，幻想自己回来时它们会自行消失。结果回来后麻烦不止一点没少，原有的阵地也失守了，你变成了一个尴尬的"职场老新人"。

但凡能感到焦虑的人群，多还是有些才气的。若全无才华也就罢了，心甘情愿做一份平庸的工作，拿一份低人一等的工资。可是偏偏还有些才华，能一眼看穿别人的傻，却怎么也无法证明自己的牛，所以处处觉得委屈，老路走不下去，新路又趟不出来，就这么尴尬地看着年华老去。

[人生没有鸡汤　你终将听到梦碎的声音]

其实我大可以给你端上一碗热腾腾的鸡汤，告诉你三十岁才哪儿到哪儿啊，马云30的时候还骑着自行车挨家挨户卖他的黄页呢，吴秀波30岁的时候也只是个"死跑龙套的"，只要是金子，早晚能发光…

很感人很励志吧？但是时间一定会让你听到梦想破碎的声音。最终你会发现：你焦虑的，往往会成为现实；你期盼的，多半不会成功。世界是很大，但属于你的那片天却很有限。

我能理解Y的苦恼，大家都在弯腰捡六便士的时候，他抬头看月亮，等到终于低下头，地上已是一片霜。那些当年一起做记者的，有的做到了主编，有的是不错的自媒体人，也有做得不好的现在也大多转了行，好歹工作经验是连续的，混得也不至太差。就连当年那些追着叫自己媒体老师的乙方，有些都已经做到了年薪几十万的公关总监。与其说Y不能接受这份平庸的工作，不如说是不愿接受这个正在逐渐沦为平庸的自己。

问题是，除了用出国、跳槽这样的方式来逃避现在糟糕的生活，Y也并没有为摆脱这个平庸的状态主动做出什么改变。他觉得自己有才华，只是时运不济，可是他的努力程度太低，低到他的才华根本轮不到上场。

相比那些不满于现状，明确知道自己要朝什么方向转型的人而言，Y们最大的特点是并不知道自己要什么，什么都愿意尝试，试后又都觉得不够合适。他们更需要的是从天而降一个馅饼，一口就能填饱肚子。

人到中年可怕的不是一事无成，而是不能和平庸的那个自己握手言和，却又对未来束手无策。你羡慕着马云人到中年咸鱼翻生，却忘了他在最落魄的时候也没有抛弃过最初的梦想。

　　我对Y说，你若能放低自己从新人做起，起点也就无所谓高低，熬过最难的几年，事业自然会慢慢好起来。要是不甘心，不想寄人篱下，就索性去创业，闯出一片天地也未可知，最怕的是双脚始终不能落在地上。"人挪活树挪死"不过是一个相对论，如果你不知道自己的方向，挪来挪去的结果就只能是从一个火坑挪到另一个火坑，最后发现，连火坑都没你的位置了。

　　这是Y的故事，也是你和我的故事。谨以此文送给所有想去看世界的人，世界太大，别把自己弄丢了。

一路向前，见尽欢喜

十年寒窗，金榜题名，终上大学，作为学子，比普通人多的是成长的时间和各种试错的机会。这些，在大学校园里都是极容易得到的。

然而大多数人脱离三点一线的高中生活来到大学后却并没有立即过上曾在无数个日夜所憧憬的热烈美好的大学生活。反而因为挣脱了家长老师的十多年的束缚而不知不措，以致来到大学甚至要经过一两年的磨合适应才看清自己究竟想拥有怎样的校园生活。

可惜，时光荏苒，一两年弹指一挥间，恍然回头错过的就已经太多。所以，你看，如果你才大一大二多幸福啊，可以好好地把美好的时光利用，日后自然一步步达到根基深厚，毕业时也就会胸有成竹，心有底气，不必惧怕身无所长，泯然众人矣。

要过上和他人不一样的生活，自然要做不一样的付出。从大一开始就要有意识地朝着想要的方向前进，厚积薄发，相信这四年的收获定当不负卿。

[大一有时间不断试错]

无论是因为百倍努力还是发挥失常才来到所处的大学，从进大门的这一刻，原因就已经不重要了。因为无论是感谢曾经还是不断懊恼，都于事无补。我们能做的只有把握当下。调整心态重新开始，大学才意味着所有努力的开始。

进大学的人又分很多种，有从进大学就清楚知道自己喜好的人，所以他们不曾浪费一点时间，尽情地把热情倾注于自己的爱好上，一点一点浇灌自然是快人一步的成长。就像身边美美从大一便知自己热爱辩论，于是积极参加各种活动比赛，大二便被收编校队，经常代表学校南征北战，获奖无数，声名远播。

大学是一块自由的土壤，用好了便是天堂。然而这毕竟是少数，大多数的我们在中学时忙于各种知识学习，考试，哪里又知道自己喜好什么，想做什么呢，只有不断尝试。

因而，尽管大一迷茫，也是有目的的迷茫，这一年可以各种瞎折腾，什么都能去试试，用心试试流程，认真体验究竟什么才更加适合自己心性，如果能找到稍微擅长又喜爱的事自然再好不过。这就意味着从大二开始就能下功夫培养自己的特长了。

[能有大把时间培养自己的核心竞争力]

如果喜欢写作，恭喜你，大学有免费图书馆，有随时开放的校园网，工具一应俱全。可以说只要有一颗写作的心，这里有浩大的空间大把的时间成全你。在我的心里，如果一个人没有认真写满100万字，根本不能号称自己算的上一个写作爱好者。

所以，我们的喜好是我们的特色。而我们对认定事的付出与坚持，最终才能让我们与众不同。

写作只是个例子，人生而不同。大学还有太多个人魅力的爱好，而无论是什么，选择了坚持了都必会有所回报。而要当成核心竞争力来培养，必要下一番持续不断的功夫，然后，时光会让付出结出美丽的果实。

[可以不断培养些好习惯]

事实上，我们能对一件事不断坚持，意志仅占极小部分，真正起作用的是习惯的力量。

记得开始跑步时，可以说是特别累，压根不能想象做到现在一日不跑就心中发毛，身体不爽的状态。这并不是我有多厉害，而是几个月下来，跑步已成为一种生活习惯，便自然而然如吃饭睡觉一般自然发生了。大学课程少，又有周末各种假日，大一大二有太多的时间去用心培养一些好习惯。

可以由简至难，比如早起一杯水，坚持一周，心里就会有一点习惯的影子，但不强烈，继续半个来月，早起一杯水便成自然发生了。中途偶尔断一次也没关系，不要觉得就失败了，接着开始便是。一个多月便会彻底巩固，早起一杯水也就是一个简单的生活习惯了。

贪多嚼不烂，一次认真培养一个习惯就好，待一个巩固之后再继续另一个。你想，每月一个习惯，就算大学一年，至少也有了十个好习惯啊，人与人的差别就是从习惯开始的。

[每个人都是独一无二的艺术品]

既然每个人都是独一无二的，那么自然想法与实际情况也是千差万别的。根据自己的际遇与实际情况再做一些选择是再好不过的，毕竟人生最妙的幸福是求仁得仁。

大一大二是大学美好的早二分之一，利用好了会让后面受益良多。人生最重要的事情便是如何清楚地认识自己。我是谁，我的性格如何，我有什么优缺点，我适合什么样的工作和生活？这两年有太多时间不断思索，不断弄清这些问题。

文最后，附赠一小诗句：花开堪折直须折，莫待无花空折枝。

望能有所得，有所成，一路向前，见尽欢喜。

[成为想成为的人，
不要只是说说而已]

朋友送我一本书，她在扉页上抄写书中的一句话：

"当你全心全意梦想着什么的时候，整个宇宙都会协同起来，助你实现自己的心愿。"

深有所感。其实这个世界上存在很多不可思议，只不过奇妙的事情并不常常发生，不然就太没劲了。

梦想实现的前提是，你想去做，无关强迫，无关刻意，甚至要带着点虔诚，真真实实地出自内心。

[1]

在过去的很长一段时间里，我对自己感到失望，因为一直以来活得太"乖"了。换句话说，就像《七月与安生》里的七月站在学校各种社团的招新海报前忽然变得无所适从："我忽然发现，自己是个很没趣的人。"

初中的时候，每日学校和家两点一线，没有太多课余活动，没有太多兴趣爱好。同班同学叫我去露营，我觉得晚就拒绝；大家叫我去吃饭，我觉得人多太吵也拒绝；有男同学偷偷塞情书，我面无表情地撕个粉碎。听到别人讲笑话时会笑得很开心，但我永远是坐在一边傻笑的那个。轮到我讲笑话的时候，空气都变得冷起来，拼命想让场面看起来滑稽一些，却习惯性地端着掖着，怎么都和幽默无关。过于乖巧，反而失去了一个豆蔻年华女孩子应有的生动和不安。

如今的我好像不是这样子的。每当听到有人评价"和你在一起好有趣"或者"你好有意思哦"的时候，我会感动，会在内心偷笑。

虽然仍旧说不上幽默，至少，我慢慢从过去的自己中脱离出来。那些棱角与温润，都是自己帮自己打磨上色。

[2]

学校里常常有文艺演出，每次看到那些弹唱的同学专注的身影，手指灵活地在弦上翻飞，除了陶醉，还会止不住地羡慕。我曾经在半夜哭着问妈妈，为什么小时候不让我学一门乐器，这样我现在就可以多一项技能了。

我爸是英语翻译，按理说从小应该就有双语环境，但在我的记忆中，他很少和我说英文。我上小学和初中那几年，是他工作最忙的时候，有时候忙到碰不着面。需要家长签字，就把作业放在桌上，我睡了，他很晚回来给我签好字，第二天早上他走了，我把签好字的作业收进书包里。

小学六年级时的一堂英文课，老师让我们即兴用英文说一下自己周末做了些什么。我眼神飘忽，低着头，却还是倒霉地被点了起来。支支吾吾了半天，头脑一片空白，站了几分钟，最后结结巴巴地挤出了一句话。老师的一句"你下去吧"，让我的自尊心粉碎。

很长一段时间里，我把自己的无趣、没有出众的技能，怪罪到我的家庭上，埋怨父母没有为我的人生安排翔实的计划，就那么让我自顾自待着，一不小心就长到这么大了。

因为咽不下那口气，初中的一个假期，我厚着脸皮跑到桂林中心广场的英语角。桂林是个旅游城市，有很多外国人选择在这里居住养老，于是每周五晚上都会有老外在那里喝啤酒聊天。我和很多高中的哥哥姐姐一起，跟那些带着各种口音的老外交朋友。

就是在人堆里结结巴巴，把脸丢完了，然后慢慢进步，把自信又捡了回来。

很多东西，先决条件很重要，但更重要的是后天自己给自己创造的条件。你现在的样子，从很大程度上来说，是过去的自己塑造出来的。

[3]

前段时间看到一个观点，"你要学会为自己的未来花点钱。"在你能够赚钱的基础上，每个月抽出5%用于投资你的未来，虽然看起来没有多少钱，但你永远都预料不到，那点投入能给你带来多大的回报。

对于年轻的学生来说，每个月若只能剩下100块，又该怎么投资自己的未来呢？举几个例子吧：

如果你觉得自己在审美上有欠缺，怎么打扮都很土，那就订阅几本服装杂志学习一下常规配色和服装搭配，学习一下化妆和基本礼仪。一年下来，至少会让你在买衣服这件事上少走很多弯路。

如果你觉得自己头脑很空，出口无章，那就去办一张借书卡或者每个月给自己买几本书吧。认真读，仔细分析并有文字产出，还可以积极与人分享所得。一年下来，你的眼界会比之前宽广不少。

如果在十几岁时，我们是什么样的人在很大程度上受着家庭的影响，那么到了二十几岁，能决定我们变成什么样的，是我们自己。

[4]

常常有人提到蔡康永的那段话：15岁觉得学游泳难，放弃学游泳，到了18岁遇到一个你喜欢的人约你去游泳，你只好说"我不会耶。"18岁觉得学英文很难，放弃学英文，28岁出现了一个很棒但要会英文的工作，你只好说"我不会耶。"

人生前期越嫌麻烦，越懒得学，后来就越可能错过让你心动的人和事，错过风景。

天赋这件事情，本身就因人而异，从不会有绝对的公平。出身贫穷或富贵，也都不是我们可以选择的。可是每个人都有追求梦想的平等权利，到了二十多岁，是可以给自己创造机会去改变现状的。

真心想做一件事情的时候，再大的困难也可以克服；不想做一件事情的时候，再小的阻碍也成为了理由。

不要光顾着羡慕，却无动于衷。

高中的时候，对未来满怀憧憬，毕业留言里也爱写"愿你成为想成为的人"之类矫情又鸡汤的话。那个时候，只是简单地说说而已，如今却已经到了一个可以重新塑造自己的年纪，和过去说拜拜的年纪。我知道，你们的内心都有一个展翅欲飞的、隐隐而动的自己，他就藏在你的身体里，需要你打破这副躯壳，才能翩跹自由。

要记得，成为想成为的人，不要只是说说而已。

别打着青春的名号逃避本该的努力

[1]

堂弟刚上高中，就经常翘课，三天两头翻墙出去玩，老师根本找不到他人。

其实，他学习成绩一直还不错，加把劲的话没准还能考个好学校。初中的时候只是有点任性，有些小打小闹，可以理解为男孩子的天性。可是自从他进入高中后，整个人就像吃错药了一样，变得彻底不像话。老师不想放弃他，就经常给婶婶打电话，汇报情况。为此婶婶还把工作给辞了，回来守着他，想把他拖回正轨。这反而激起了堂弟的逆反心理，越管反而越糟。

前几天我放假回家的时候，婶婶叫我帮忙劝劝。还好，堂弟是我看着长大的，某些性子上跟我差不多，关键是，他对我还也有点崇拜。所以我们谈了几句，他就打开了话匣子。

是从某一天开始，他觉得生活太无趣了，活得也太腻味了。每天都是上课，做题，自习，吃饭，睡觉，耗完了这几年，考上大学又怎样，青春已经耗完一大半了。我不想年轻的时候只有千篇一律，必须要去尝试一点不一样的，活得多姿多彩一点。否则以后后悔都来不及了。我想哥你是支持我的吧。

我问他：你翻墙出去一般都做些什么呢？我记得我们那会儿一般都是上网，你们现在的孩子都干吗？

堂弟一下子变得支支吾吾，显然，他跑出去玩的那些玩意，并不符合他"多姿多彩"的理论。他转移话题说：我在网上问过一位大V，他回复我了，他支持我的说法，年轻就应该多挑战一些新的东西。虽然我也觉得，有些事并没有什么意义，但是年轻就可以尝试啊。青春就该犯傻啊，谁年轻的时候没干过一些蠢事。在本该放肆的年纪，我不想过得安分守己。

[2]

听完堂弟的话，我从他的身上仿佛看到曾经的自己。

当年我也是读高二，因为看隔壁班的一个男生不爽，伙同另一个哥们把他关在宿舍狠狠地揍了一顿。当时我俩跟他无冤无仇，我们纯粹就是瞧他不顺眼，听他声音就烦，遇到他就想给他点教训尝尝罢了。

我当时用的理论就是堂弟这一套，年轻就应该热血一点，做一点疯狂的事情也是正常的。此时不抓住机会，一辈子就只能活得低眉顺眼了。

想到这里，我一下子就有了勇气，一口气把那个可怜的家伙打得两个月不能正常走路。

当然，我是挑了其中一件最荒唐的事拿出来讲。其他的还有顶撞老师，捉弄同学，脱手骑自行车，在网吧彻夜打游戏等。

我走的是放纵的那条路，还有一些人走的是虚荣的那条，如说走就走的旅行和说打就打的架。

多少人被青春这个词绑架，强迫自己去做一些特别的事。要么放纵，要么虚荣，浑身都泛滥着荷尔蒙。

有的人歌唱着青春的赞歌，堂而皇之地去无视一切道德和规则；有的人借着年轻的旗号，沉迷于无知与虚荣。

哪有什么本该放肆的年纪！不过是你自己给自己找了一个任性的理由罢了。

很多人无非是想把青春当成一柄尚方宝剑，斩掉内心的顾虑，给自己一个信心满满的名义，去满足内心的懒惰和欲望罢了。

[3]

表弟听了我的话后哑口无言。他直直地瞪了我几秒钟后，扭头去玩电脑去了。

我想此刻他的心里话无非是：假正经，老腐朽，你知道个屁！

当年我被人劝导的时候，心里也是这样想的，我的人生什么时候轮到你来指手画脚了，我的青春我作主。我讨厌一切以过来人的身份开启的任何的交谈。不论你说什么，我感受到的只有落后和虚假。

那个时候我充满了年轻人的血气方刚，可是，除了血性，其他的什么都没有。

即使我今天穿越时空，去和那个年纪的我促膝长谈，他也不会听我的话，即使听了也感受不到。有些道理非要本人亲自去撞得鼻青脸肿才会懂得，其他人说得再苦口婆心，也只是一个概念，短暂地停在他的脑子里。可为什么我还要讲给他听呢，因为有一天他顿悟的时候，我希望他不会感觉到孤独。

[4]

青春美好吗？当然美好。

真正青春的美好，都是那些失去青春的人歌颂的。

青春之于他们只是一场回忆，

而回忆带有太强的美化作用了！

我曾在网上不止一次听到人怀念高中的课堂，觉得那段时光格外美好。除了有受虐倾向，或者现在过得极惨以外，我很难想象那种暗无天日的日子有何吸引人之处。一坐就坐一上午，一发就是十几张模拟卷，一觉只能睡五六个小时，无论哪一项听起来，都跟美妙沾不上半点关系。如果硬要找一处亮点的话，那就是"充实"。可那跟青春有半毛钱关系，什么时候你不可以做到充实。这世界的知识和挑战，够你充实几辈子。

我大学的时候很喜欢看书，经常看到很多大师以各种方式怀念校园时光，说那是人生中最美的时光。

当时我正处于这种"最美的时光"中，我很奇怪我为什么感受不到。社团的活动那么乏味，专业的课程落后而又无用，整天都过得很荒芜，唯一觉得有意思的是有一帮朋友，可他们天天只知道打游戏。

但那时我从没有否认过那些过来人的说辞，更倾向于认为自己是身在福中不知福。于是整天都尝试去找一些有意义的事情做，参加更多的活动，选更多的选修课，报名尝试更多的社会实践，恨不得把日子掰碎了过，连午睡打个盹儿，都感觉是在荒废。每天过得急切而又焦躁。

可是，又怎么样呢？那一阵子我依然过得不快乐。我如今依然会怀念那段时光，依然会觉得很多有意思的事情当时没有去尝试。我在预料到会怀念的情况下，努力去感受，去做一切珍惜的动作，结果还是会怀念。

回忆常常不自觉地强制使用美颜功能，磨皮磨得丧心病狂，滤镜滤得不顾尺度。你觉得好看是好看，但那一点都不真实。

很多过来人歌唱青春，无非是因为那些青春回忆被美化得一塌糊涂罢了。

他们怀念的是一个美好的假象，而不是具体指那段二十来岁本该奋斗的日子。你被一个假象绑架，大多时候都是得不偿失。

有些回忆想想就好，不必给他赋予太多的含义。不站在彼时彼刻，你说的一切，都谈不上公允。

也正因为如此，你根本不可能活出一段不悔的青春。

所以你那些打着青春的名义，不断地去逃离平凡生活的疆界，更多时候是想逃避努力的辛苦，满足自己懒惰的私欲罢了。

有关青春的强行珍惜，都是一定程度的矫饰。真正的珍惜，是踏踏实实地去做该做的事。

大学不是你人生的全部

我还小的时候，村里人便叫我大学生，因为他们觉得爱看书的孩子一定能考上大学。在他们眼中，中国只有两所大学，一个叫清华，一个叫北大。这是好事，也是坏事，好事是有很长的一段时间，我胳膊底下夹本书在山坡上放牛的画面，被村人津津乐道，广为传颂，并以此为蓝本教育自己家孩子，我还没考便已经享受足了考上的荣光。

坏事是几年后，我虽然考上了大学，然而不是清华，也不是北大，甚至不是重点。这件事情辜负了我们全村人的期望，因为在他们眼中，中国只有两所大学，一个叫清华，一个叫北大，其他的，考上跟没考上一样。

第一次高考落榜的时候，我撕了书，要外出打工。那时候我们村有姑娘外出打工的人家都富裕了起来，纷纷盖起了楼房，整个村子只有我一个姑娘在念书，也只有我家好几口人还挤在又小又破的房子里，衣服都是捡别人剩的穿。

上大学有什么用？

我不甘心，更不忍心。我妈也没苦口婆心地劝我，只是淡淡地说，你看她们打工回来的时候光鲜，看不到人在外面受了多少辛苦。她们没有文化，做的都是流水线的活，年纪轻轻，眼睛都要熬瞎了。女孩子青春就这么几年，等年纪大了回来找个人嫁了，一辈子也就这样了。

你想一辈子就这样的话你就去，我不拦你。

我知道什么叫做"一辈子就这样了"，幼年最好的一个朋友，格外好看的姑娘。我们一起上学放学，约好要考同一所大学。她成绩好，也愿意读书，然而拗不过父母，最终辍学。几年后我回老家，她已嫁作人妇，麻将桌上袒胸露乳地给孩子喂奶，粗着嗓门跟周围的男人调笑。她已经不是我记忆中温柔细致的姑娘了，而是这村里再普通不过的一个农妇。那天我们目光相接，彼此的眼神里都有了尴尬的意味，她冲我笑笑，拽了拽衣服，便接着回头摸牌了。

我去复读了，因为不甘心。不甘心一辈子窝在一个村庄，被时间遗忘。这世上村庄之外有城镇，山川之外有河流。我想去看看外面的河流与城镇，大地与人群，我想决定自己的步调和速度。生活中所有的一切都应该是我自己来选择的，而不是被迫谋生。

然后，我到了北方。

2009年9月我拖着行李来到鞍山，一梦四年。

10月我找到了人生第一份兼职，图书馆门口贴的招聘启事，我看了就打电话过去，对方说，不好意思已经找到人了。挂了电话，我不甘心，给她发了条短信："姐姐，不是要干涉你的决定，可是，万一，万一有意外的话，请一定考虑我。"后来我真的得到了这份工作，给一个小姑娘当英语老师，做了四年。

回想起那四年，参加学生会参加社团参加各种各样的活动和比赛，找到更多的兼职，生活被满满地填充起来，像一株刚被移栽的植物，努力把每一个根都深深扎入泥土里，带着不顾一切的偏执和勇气，想要赶快凭着自己的力量站起来。

慢慢地，可以站起来，可以站稳，可以在自己喜欢的领域，取得很好的成绩，可以交到一大群志同道合的朋友，可以有大把大把的时间，做任何想做的事情，可以在经历一场失败的感情后，遇见张先生。

我的四年大学，真的，挺精彩的。

我一直都这么觉得，即使在别人眼中那些都不算什么，可是我知道我用力活过。每一件事情都深深地镌刻在生命里，被立字成碑，成为足以温暖一生的荣耀。

故事讲到这里，你以为接下来就是"屌丝逆袭"的热血励志吗？

对不起，要让你失望了。

2013年的6月我拖着行李箱来到大连，住在5平方米的隔间，在一个坑爹的早教公司实习，做市场做策划做活动做翻译，做傻瓜女老板一时兴起就要做的傻瓜文案，每天无偿加班到夜里9点半，两个月后我离开，到泰德做前台。

我到现在都没想明白自己为什么会被选中，因为我清楚地知道自己的长相难以服众。好在泰德的前台并不是培养花瓶，要做很多行政事务，并且有很多转岗机会。我跟自己说，那就沉下心来从琐碎的事情做起，从添茶倒水分发快递开始。

想到这里我觉得挺讽刺的，2008年我不愿意复读的时候，我妈跟我商量想把我安排进邮政工作，我当时心比天高跟她说，我才不要天天分发报纸信件一个月就挣那么点钱呢。我没想到六年后这句话一语成箴，有大半年的时间，我每天大部分工作就是分发报纸和信件，并且一个月就赚那么点钱，勉强糊口。

人生啊，有时候挺奇怪的，你以为你张牙舞爪摆出一副天不怕地不怕的样子，世界就会给你让路，可是命运只需轻蔑地一笑，一个巴掌便能把你扇得满地打滚，世界观重塑。

2014年的6月，距离毕业整整一年。在泰德正式工作9个月，跟形形色色的人接触。大学没有教过我，要怎样和领导相处，和同事相处，也没教过我，做一件工作的时候，除了任务本身，还应该考虑什么。我有的时候想得太多，有时候却想得不够，我总是没办法去精准地把握其中的度。我好像重新变回了一个不会说话的小孩，脱口而出的每一句都是错，于是我只好选择沉默。

大学毕业我并没有选择跟英语相关的专业，四年的积累慢慢开始变得恍惚，而我不确定自己是要重新捡起来，还是就这样算了吧。牵念太多，羁绊太多，琐屑太多，好多时候眼睁睁地看着时间流逝在毫无意义的琐碎里，却无能为力。

我忽然质疑起一切工作的价值，似乎做什么事情都是在浪费。我原以为自己可以把时间提炼成一只精纯的钟，可我明明白白地看到了里面杂质太多。也许真的是这样，没什么可以完美，何况是生活。书本似乎教给了我一切，可我似乎什么都没学会。

我搬到了离公司近一点的海事大学，每个月要留出一半的工资来付房租。也有零零碎碎的稿费进来，可是不多。梦想变成遥不可及的东西，怎么多赚点外快提前攒出下个季度的房租，才是实际要解决的问题。

原本以为一个月2000元的工资已经算低了，可是走出门发现原来1500元的也比比皆是。这个世界忽然到处都是大学生，梦想开始和大学生一样廉价到不值一提。我并没有凭借着专业找到一份高大上的工作，而是成为这世间再普通不过的一个白领。有时候我会想起自己曾经的不甘心，有时我忽然会想起天南海北的大家，我想问一句，你们的生活也是这样吗？可是，才刚毕业，就觉得厌倦了，以后漫长的人生，要怎么过呢？

所以，到这里，你觉得这是一片唠叨满怀感慨大学无用的吐槽文吗？

对不起，你又要失望了。

更多的时候我一边跟自己说，别着急，慢慢来，一边思考着出路。不管工资多低，每个月我都坚持买书，坚持写文，保持思考，时不时提醒自己清醒，不要随波逐流，不要被看似安逸的生活麻木掉神经，不要变成自己曾经最讨厌的人。也许我现在还没有能力过自己想过的生活，但起码有能力避开我不想过的日子。

时至今日我都感谢四年象牙塔般的生活，功利一点的说法是，大学四年让我以最小的成本完成了生命各个维度的尝试，四年兼职，我给自己赚到了绝大部分的生活费，甚至能够小有余力地买一些稍微贵点的衣服，能去一些稍微好点的地方吃饭，能不委屈别人也不委屈自己地维持一个正常社交。三年活动，认识了很多志同道合的朋友，他们对梦想的单纯坚守，让我觉得人活着还是挺有意思，更重要的是，大学让我认识了张先生，成就了我一生的好运气。

也许如果我当初不读大学，选择跟同村的姑娘一起出去打工，也许现在的我有着不一样的人生，也许我已经嫁给了邻村的小学同学，有了一个能打酱油了的熊孩子；也许我能比现在赚得多点，已经用青春和血汗换来的钱，给家里换来了三间宽敞明亮的大瓦房，院子里还养了一群猪；也许我能离家近些，这样妈妈生病的时候，我就能第一时间回去照顾她，而不是只能在电话里叮嘱她吃药打针；也许有太多的也许，每一个偏差都走向了无数的可能，而太多的假设与可能，都不足以清晰地勾勒出另一个版本的人生。

人生的选择太多了，每做完一个都觉得失去了太多，只是这其中的利弊，又怎么能在做选择前，就分斤拨两地计算清楚呢？人的本性都是趋利避害，可是这世上又哪有稳赚不赔的人生呢？

大学只是你众多选择中的一个，它决定不了任何人的人生。不是你上了大学或者大学上了你，四年下来你就会有什么质的改变。可它在你最为莽撞也最为勇敢的青春岁月里，为你打开一扇通往未知世界的大门。在这里，你不用过早地背负起养家糊口的重担，也不用过早地学会成年人的计算算计，它让你站在世界的边缘，纵情体会着年轻，知识，勇敢，努力，朋友，这些带来的美好。

让你真正踏入人生漫无涯际的孤独与荒凉后，能凭借当初的记忆为自己点一盏灯。

因为你知道那些美好你再也遇不到了，所以你才能擦擦眼泪，狠下心来，整好铠甲，磨好兵刃。

准备开始进入到成人世界里的厮杀。

每个人都曾迷惘和困惑，但你不能一蹶不振

[1]

在刚上大学那年，曾经有一段时间过得非常颓废，这种颓废并不是单方面的懒散。而是从心里觉得我是一个无能的人，我觉得我毫无希望，跟任何人比都有一种被秒杀的感觉。当这种颓废感来临的时候，我并不是找理由去安慰自己，说这样就挺好。相反，我甚至为了让自己更颓废，甚至开始自圆其说得证明我就是一个无能的人。

后来我一度去找心理医生交谈，才慢慢地打开了心扉，不再被这些问题所困扰。人所有的不开心，颓废，懒散其实都来自于一个问题，那就是比较。和不同的人比较，就会有不同的感觉，当然这种比较也会引发另外的奋斗，激励。但很可惜那个时候的我并不是那样。

让我颓废的原因有三个，不知道你是否曾经和我一样也被这三个问题所困扰。如果你有过，这篇文章会让你感同身受；如果你没有过，那这篇文章对你也大有帮助。

1. 和80后比名气；
2. 和90后的同龄人比学历；
3. 和同龄学历低的人比挣钱。

三个问题摆在这里，无论从哪个角度来看，当时的我都是弱者。

对于刚满17岁的而且是从事网络的我来说，看过了太多80后的网络红人（此红人非彼红人），他们有着自己的技术，有着自己的经验，有着自己的粉丝，这是我没有的；

我读书时候的成绩并不理想，上了一所普通的大专。每当我在网络上看到一些人的文章和事迹的时候，他们总是有着让我遥不可及的学历。学历的高低对于一开始刚上大学的我们来说，那是有决定性作用的，而我却没有那样让人羡慕的高学历；

大专本就是一个折磨人的学历，而且在我的同龄人当中，普遍在初中就已经选择了辍学外出打工。也就是说，作为同龄人的我和他们，他们已经开始挣钱了，而我还在念书依靠父母每月的生活费来过日子。

我说的这些从逻辑思维的角度来说合情合理，当然你也不用拿现在的角度来评论我当时的思想，好歹那个时候的我也没啥经历。世间的东西大家所看的角度不一样，自然感觉就不一样，所以我总是提到洛伦兹的《相对论》。

PS：《相对论》是洛伦兹发现的，爱因斯坦提出来的。

[2]

人们都会说，使你为难的事都会使你成长，但我想要加上一句，使你为难的事都会让你记忆犹新。同样，这三个问题也是，我从17岁那年到了23岁这年，还能一字不落地复述出来，足矣证明这三个问题对于当时的我来说造成了多大的困扰。

后来我开始找心理医生，我希望走出那个困境，我希望我成为一个奋斗的人。我从小就是一个比较"腹黑"的人，说得好听一点那叫个性，说得不好听一点叫傻。因为这是一个人人都宣扬励志，奋斗上进的年代，凭什么我要和别人不一样呢？

所以我也想要奋斗，我也想要通过自己的努力来改变自己的生活，但首先我得摆脱那三个问题。

我找到了一名心理医生，向他诉说了我的痛苦。可能有人会讨厌心理学，但我想告诉你，我宁可你讨厌励志学腹黑学，也千万不要讨厌心理学，人总是要有点信仰的，你不可能什么都讨厌。

心理医生听完我的事，笑着对我说道：我遇到过许多因为一种问题而困扰自己的90后，还没遇到过被三种问题都困扰的90后呢。

我当时也是一脸无奈，但实在没辙，对于我来说，这三个问题如果不解决，真的很难前进。

我开始自嘲地说道：我也不知道这些问题什么时候来的，但我说得没错啊，和这三种人相比我确实什么都不是啊。

心理医生跟我说：其实这并不是什么坏事，至少你能看到自己所有问题的存在。而不是等人去发现，等人发现然后在背后议论你，那才是人心最露骨的地方。

[3]

心理医生跟我说，现在你换个角度来看问题，将你那三个问题变成这三个问题。

1. 和80后比年轻；

2. 和高学历的90后比提前工作；

3. 和提早挣钱的90后比前途。

我并没有被这种思想所说服，再厉害的心理医生都不可能立马解决病人的问题。他后面接着跟我说道：其实心理学只能打开你的心，并不能解决你的问题，心理学的魅力就在于此，让自己从根源上解决自己的问题。

他继续说到：这三个问题和你之前那三个问题其实是一样的，如果你一直想着自己的那三个问题，那你是因为颓废而无法前进；但如果你一直想着我提到的这三个问题，那你一样也无法前进，因为你会过得太安逸。只有这两种思想结合在一起的时候，你才会过得既充实又有方向。

他随后给我推荐了几本书，然后让我离开。

我回到宿舍开始思考这六个问题，他们就像小时候的勤奋小人和懒惰小人一样，开始胡搏，谁赢了谁领导我的思维。

最后我苦苦挣扎，终于从中找到了思路，一切的一切都是源于我自己。当我自己将重点放在我弱别人的时候我不应该选择颓废，而是应该选择默默努力。而心理医生给的方法，不过是放大我的另一面，让我开朗起来，所以他才提到两种思想要结合起来。

[4]

谁的年轻没有迷茫过？你真的认为帮你的是别人吗？

其实真正能帮自己的是自己。正如同别人会拉我们出深渊，但伸手的还是我们自己。我们需要感谢帮助我们的人，但我们更加要注意自己的改变。

从那之后我开始想办法找到自己该学的知识，少去一些特别优异的社交场合，也少去一些乱七八糟的闲人之地。过于优异的场合满是有志之士，对于当时没有能力的我来说，去了也白去。闲人之地网吧之地，只能用乌烟瘴气来形容了。

我被三个问题所困扰，同时也被这三个问题所改变。人们或许会说，换个角度谁不知道呢？但其实知道的人很多，做到的人却很少，用自己思维和眼界来看问题的人大有人在。

在往后的学习生涯和职业生涯中，我也遇到过许许多多的问题。这些问题小到争吵，大到创业失败。但这些问题总是能在一段时间之后将我第一时间解救出来，不是让我能挣更多的钱，而是能让我更加懂得生活。

我希望你能去思考这三个问题，并不是让你深陷其中，只是想让你知道，每个人都曾迷茫过，都曾困惑过，甚至有的人会因此而抑郁。但从另一个角度来看，那也是我们人生浓墨重彩的一笔。

[你不需要赢过时间，只用赢过你自己]

过去说度日如年，如今却是度年如日。2015这几个数字还新鲜水灵着呢，2016就嗖嗖地冲到眼前来了。日子撵着人，跟跟跄跄地往前跑。时间太快，大家都这么说。为什么呢，时间这么快？

[时间太快，因为我们太忙]

"忙啊！"朋友S先生每次见我，开口都是这句。他年初创业，做了个餐饮配送公司，之后就招聘员工、设计方案，跟各路精英切磋，线上线下推广，忙得脚打后脑勺。有次他老婆告诉我，他洗脸的空都没有。每天都是她准备一条湿毛巾，他拿到车上，等红灯时刮完胡子擦一把。

"这坑挖得太大，不铆足劲往上爬就埋里边了"，夏天时他说。而前几天，我听说他又开辟了新地盘，准备把生意扩展到市郊，因为市内的已经做起来了，盈利不错。"这一年忙得啊，都没知觉了"，他说，"感觉一觉睡醒，2015年就过去了。好在公司起来了，这一年没白干。"

忙都不是白忙的，时间花到好地方，人生就会变好看。这个世界，好像人人都在忙，忙得忘乎所以，忙得不知今夕何夕。也好像人人都在抱怨：哎呀，太忙，太累，太苦。其实忙不是坏事，只要忙到点上，忙点挺好的。

多数人嘴上说着"瞎忙"，但心里很清楚自己忙的是正经事。

"忙"其实是"努力"的代名词。心里有斗志的人，才会逼着自己去忙、去打拼、去付出辛苦，以改变生活和命运。

当你忙得感受不到时间流逝、时间离开时，时间就会悄悄给你留下礼物。

[时间太快，因为我们在做想做的事]

有个小妹妹，之前在一家大公司做前台，春天时因为一个失误不幸被公司辞退。她收拾东西离开，心里特别迷茫沮丧。在家里闷了一星期，开始找新工作，可是面试了七八家，屡试屡败。她更加沮丧，更加迷茫，也开始深刻反省，意识到自己学历不高，又没什么特别技能，想找份像样的工作实在太难。

后来，在一个朋友的推荐下，她去了一家茶叶公司做销售，这回再也不敢混日子。一边联系客户，一边玩命学习，了解各种茶叶，学习茶艺，学着品茶，看茶文化的书……不到半年，这个起初连毛尖和龙井都分不清的小妹妹，俨然成了茶叶专家。

她说做前台的那几年，上了班就盼下班，觉得时间一大把，却没一点用处，就是忍着熬着等它过去。现在怎么觉得时间过得那么快，每天都是还有一堆想干的事儿没干完呢，恍然就到了下班时间。

是的，当你在做自己认可的事，懂得它的意义和价值，就会全身心地投入其中，时间也就过得特别快。

当你心甘情愿地把时间花在一件事上面，就不会反复地质疑、否定、纠结，被负面情绪干扰。

当你知道时间没有被浪费，自然就不会心疼它的流逝——它尽管流逝，而你已经从中获益：提升了自我，拓展了事业，赚到了钱，陪伴了家人……时间本来不就是用来干这些的吗？

我们最大限度地榨取了它的价值，当然也就无须惋惜它的消逝。它过得再快，我们也不会慌张害怕。我们可以坦然地说：呀，又一年过去了，但是不要紧，我没有白老一岁。

[时间过得太快，因为我们过得精彩]

所谓快乐，"乐"就会觉得"快"。转瞬即逝的，都是好时光。反之，心里难过，才会觉得时间难过。

我们过去说"天上一日，地上一年"，可能也是因为觉得神仙的日子过得好，所以也就格外快吧。

所以，当我们感叹"时间太快"时，心里应该是满足和庆幸的。我们衣食无忧，没有挨饿受冻，才会觉得时间像水一样顺畅地走了，不会觉得日子艰难可憎，过不下去。

我们有各种好玩的方式来填补空闲，才不会觉得空虚寂寞，不会在没完没了的时间里苦熬，难受得想跟空气打架。我们过得充实舒适，快乐无忧，才没有掰着手指数时间，一天天地盼着它过去。

用网友的话说：一分钟有多长，看你是蹲在厕所里面，还是等在厕所外面。

世界是一个大游乐场，我们觉得时间过得快，是因为我们都有幸做了在游乐场里面尽情玩耍的人，而不是在外面排队苦等的那个。

而且这个游乐场，项目越来越丰富，设计越来越精彩，空间越来越广阔，只要你愿意，就一定能找到适合自己的玩法，一定能玩得尽兴，一定不会被扫地出门。

你对这个世界多好奇、多热情，这世界就会让你多痛快、多过瘾。世界如此热闹，只要你不主动离场，就每一天都不会寂寞，每一年都热气腾腾。

[时间过得太快，我们都是跟它赛跑的人]

时间这东西太诡异，你跑得越快，它就追得越快，你越希望它慢一点，它就越急不可耐地溜掉。而你若盼着它快一点，它反倒磨磨蹭蹭迟疑不前。

所以，我们觉得时间快，是因为我们自己跑得快。

人生是场马拉松，一年又一年，我们以各种各样的姿势奔跑在时间里。我们大汗淋漓，我们倾尽心力，我们摔一身泥，我们抗住了打击。

我们都还是平凡的人，但我们没有辜负这平凡的生命。

跟时间赛跑的人，未必跑得赢时间，但一定会跑赢自己。

眼界高了，六十岁也能活出十六岁的风采

[1]

不是别人装蒜，而是见识太少，尤其当我跟别人聊天的时候，我突然发现我常常把天聊死了。

刚上大学的时候，我每天都处于这种状态中。

因为大城市的同学说的话，我真的完全接不上。

我是从小城市来的，哪都没去过。实不相瞒，那时候我所知道的最高大上的品牌就是李宁，连真维斯、佐丹奴我都不知道。

高二的时候，我们班有个女生家里斥巨资给她买了一双李宁，整个班轰动了，她几乎就是班上《唐顿庄园》一样的存在。

我记得有段时间，我们小城市最豪华的商场门口，最大幅的广告是劲霸男装，那种王者气派震撼了我，当时这个牌子就是我心目中的D&G。

我本来想跟同学交流一下我爸买了劲霸男装的喜悦，同宿舍的天津同学说，她爸爸穿阿玛尼。

我懵了。这是什么？难道比劲霸男装还贵吗？

她轻描淡写地说，其实还好，就是1万多块一套吧。

1万多块……

当时我们大学食堂最好吃的大饼才1毛钱一个，1万多块可以买10万张大

饼啊！我的下巴当时就掉了，到现在还没接上。

可能当时我的震惊让大城市的同学们震惊了，久而久之，她们也不怎么跟我聊天了，偶尔她们忘了，刚开了头，"你听了比约克新出的专辑吗……"

然后看了我一眼，还没等我回答呢，就说，"算了算了，说了你也不懂……"转头就去问其他同学了。

我真的很气，你怎么就能默认我不知道呢？虽然当时我是真的不知道。

有一次，一个北京的师兄请我去吃西餐，我诚惶诚恐，去图书馆查了一下吃西餐的礼仪，生怕自己出糗。还好，吃得还算顺利，但是聊天的时候，非常之尴尬。

他说，刚去了欧洲，开始不习惯蓝色芝士，是臭的，但慢慢就迷上了。

我接不上话，因为我只知道臭豆腐挺好吃的。

他说，在香港买东西挺方便的，很多内地没有的品牌，那边都有……

我没接话。

为了打破尴尬，他问我，你喜欢什么牌子，下次去香港我可以给你带……实不相瞒，一提到牌子，我当时第一反应竟然是七匹狼和阿依莲……

最后，这顿尴尬的饭总算要吃完了，我想说，至少要有一个体面的收场吧。咖啡上来了，我无师自通地用小勺子，一勺一勺喝起了咖啡，自认为姿态还算优雅。

师兄微笑了一下，大概是被我的优雅征服了吧。

之后我才知道那个勺子不是用来舀着喝的，而是拿来搅拌的。真是给当时的自己跪了。

[2]

工作多年以后，有一次认识了一个公关公司的人，她对我说："我每天都会见很多人，但你真的是我见过的人当中，最有趣的。"

"你跟每个人都有话聊，而且你懂很多，听你聊天特别有意思，能学到东西（敲黑板，这种借别人的话夸自己的招数，你们要学起来）。"

我当时就谦虚地回答："哪里哪里，那你能详细说一下，我到底怎么有意思吗？"

可能是她被我的厚颜无耻给镇住了吧，居然就配合了。

她说我讲过两件事，让她印象很深刻。

第一件事是我讲去日本玩的时候，发生的笑话。我同去的一个男生，他女朋友听说日本的液体卫生巾特别好用，让他去便利店帮自己买。

这个男生跟我一样，英语烂爆了，怎么才能让服务员知道他要的是液体卫生巾呢？

他灵机一动，用肢体语言啊。他指着自己的下体，双手做出划船的动作，嘴里一直说，"water、water"……

效果很明显。售货员差点要报警了。他求助地看我，让我用英语帮他，身为他的朋友，我义不容辞地……闪人了。

第二件事是我讲自己去美国玩的时候，听到一个妈妈跟孩子的对话。

在我们中国，路上遇到乞丐，妈妈一定会对孩子说：看到了吗，如果你不好好学习，将来就会变得像他一样。

当时，我在纽约，一群流浪汉在路边躺着，一个白人妈妈带着小女孩经过，白人妈妈对小女孩说：看到了吗，你要好好学习，将来就可以帮助他们。

那个女生说，我当时讲了这个事，还跟她讨论了中美教育的差距，我们都很感慨，美国小孩的格局真的好高，从小就知道要改变世界。

天啊，我居然这么有深度过？简直不敢相信。那个女生还说，其实刚认识我的时候，觉得我其貌不扬，但是跟我聊天之后，真的很羡慕我，希望将来能和我一样。

她问我，聊天这么有意思，到底是怎么做到的？

这不是逼我自吹自擂吗。

太好了。合法装蒜的时刻终于来到了。我认真想了一下，可能有几个原因：

第一，我看过很多书；

第二，我去过很多地方；

第三，我去的每一个地方，都有用心去观察，回来我都会写文章，表达我的体验和思考。

这些归纳为最简单的话，那就是我见识多了吧。

[3]

我才发现自己跟以前不一样了。

大学的时候我很怕跟见识多的人聊天，因为会格外照亮我的无知。现在我跟谁聊天都不会冷场，因为我永远找得到话题，也永远接得住话题。

别人说台北真的很文艺，我就会说，是啊，在一家破破烂烂的糖水店，墙面的留言全都很诗意，都是那种"我没钱，把影子抵押在这里行吗"。

我当时都被感染了，也决定展示一下我的文化底蕴，写上了：我没钱，把脂肪抵押在这里行吗。

别人说尼亚加拉瀑布超级美，我就会说，我去过我去过，我一到那里就走不动路了，因为瀑布附近有一个热狗摊，那里有全世界最好吃的热狗，我一口气吃了4个，结果一直胃痛，差点住院。

说到这里，我有点困惑了，上面这些故事讲的真的是我的见识吗。你们就当没看见好了。

以前跟见识多的人聊天，听到很多陌生的名词，我听不懂，却不敢问，不敢说。现在，我听不懂的东西，就直接厚脸皮地问："这是什么？我完全不知道哎。"

我可以承认和接纳自己的无知了。因为我不再自卑了。因为我有十足的底气，知道自己懂什么，不懂什么。

不懂的东西，没关系，我去了解就好了。

更重要的是，因为见识过更大的世界，看过各种各样的生活方式，看过极端的奢华和极端的贫困，看过穷得特别开心特别坦荡的，看过把自己变性成男的又变回女的，所以我最大的改变，就是学会了接受不一样。

世界的美好，就在于它的多元性。人生的美好，就在于它有各种活法。

所以在生活中，跟任何人聊天，我都不会随意去判断别人的生活方式，不会把某种价值观强加到别人身上。

比如：

我从来不会对30岁的单身人士说，你不结婚人生就不完整；

我从来不会对35岁没要小孩的人说，你不要小孩以后一定会后悔。

我从来不会对40岁要去学滑板的人说，你也不想想自己多老了。

看过了很多风景，看过了很多人生，所以不再把自己当成衡量万事万物的尺度。当你没有站在更高的地方，你就不会看到那更远地方的风景，不会明白更多已然合理的人和人生。见得多了，那些超出正常范畴的人或事，才不会觉得不正常，只有开始理解和包容众生的生活方式和价值观，才会慢慢找到属于自己的人生。

我以前有个邻居老太太，快八十岁了，单身独居，无儿无女，但是出门一定身着手工刺绣旗袍，头发梳得整整齐齐。也许她也曾饱受非议，但是那种见识随着岁月的沉淀化作了优雅，就像我说的，但愿六十岁时，我还能依然玩世不恭。

你不是不行，
你就是太懒

[有趣是一个人综合实力的象征]

有读者在后台问，如何才能变成一个有趣的人。很着急，在线等。因为她认为有趣已经成了一种重要的生产力。有趣的人受欢迎程度，超过颜值高的人。

大家为什么越来越看重有趣这种品质？因为它是一个人综合实力的象征，并且是人际关系的润滑剂。当一个团队中存在一两个有趣的人，整个团队的做事效率、人际关系都会得到改善。

以前办公室有个很有趣的男生，是我见过的最喜欢烹饪的男性。每天自己带便当。买了5个不同的便当盒，周一到周五轮换。理由是为什么你自己不要每天穿一样的衣服，却能忍受你精心制作的饭菜每天穿一样的衣服？

报选题的时候，大家的脸阴得能拧出水来。弦绷得要断时，他忽然从口袋里摸出一支润唇膏，沿着嘴唇仔细抹了一圈。春风十里不如他的润唇膏，大家心里要断的弦忽然就松了——不如我们来谈谈什么润唇膏好用。

他给我的印象太深。让我知道有趣这枚好吃的果实，绝不是学一个幽默干货贴，抖几句机灵，就可以掌握的。它是结在大树上的果实，而那棵大树，由毅力、学习能力、勇气以及正确的三观组成。

万年减压神剧《憨豆先生》里的憨豆是一个有趣的傻瓜，然而现实生活中,如果你身边有一个憨豆,你分分钟都想拍死他。

现实生活中的有趣,绝不是搞笑逗乐,而是一种有智力的生活。有趣的人不仅有着异常明晰的生活态度,擅于在不同领域汲取知识与养分,并且会马不停蹄地投入知识的更新。在维持稳定的三观基础上,他们每个人都是好奇心炸裂的小白鼠。

[变得有趣,首先要戒懒]

当我们觉得一个姑娘有趣,是因为她所呈现的状态,是我们向往的,她做了我们不敢做的事,坚持了我们坚持不下去的状态。

我身边从无趣变有趣的例子,是一个早九晚五的Officelady。以前她的话题是,两岁的孩子,跟合伙人紧张的关系,因为想再买一套房子,跟老公斗智斗勇。她经常在公司做演讲、培训,口才绝对没问题,但我从没觉得她是一个有趣的人。

直到去年,她参加了一个皮划艇俱乐部。我开始喜欢看她的朋友圈。有帅帅的皮划艇教练,美丽的东湖风光,烈日下训练以后,晒红的脸。再见面,她的话题忽然广博得跟王石差不多了。在咖啡馆坐了两个小时,她一直是谈话的主角。

分别时,大家意犹未尽,约好下次再听她讲帅哥教练那些事。

她的口才并没有提高,也没有刻意学习如何幽默地表达,她变得有趣完全是因为拓展了兴趣,增加了见识。

我一直觉得,有趣是个体力活。除了上班,就是待在家刷剧、睡觉,你很难变得有趣。

想成为一个有趣的姑娘,首先要戒懒。有趣的人都是八爪章鱼,触角伸入更多领域。

其次要勇敢。我们觉得有趣的人，身上都有不走寻常路的气质。

至于口才，是最低级的有趣。仅仅只有口才而没有见识的人，你很容易发现，他的有趣是一种技巧上的重复，认识久了，同样的段子，你已经听了18次。

[幽默仅仅是有趣很小的一部分]

说话幽默只是有趣的一个很小的子集。读万卷书，行万里路，才是让一个姑娘变得有趣的根源。

如果时间不允许，你也可以走捷径，在某一个领域坚持深挖，同样能让你变得十分有趣。

我楼上住着一个耿直妞儿，谈正事儿经常得罪人，但大家还是喜欢跟她一起玩，因为她对旅行深研到了比绝大多数导游还精通的地步。

她了解每一个著名旅游景点的日落时间，对于全球明星、名媛、贵族后代开的餐厅、酒店了如指掌。跟她一起出门，你会抱怨她的性格，但当她领着大家，没有经过漫长的等待与冻成狗的惨痛经历，就看到了北极光，你由衷觉得跟她在一起实在是太有趣了。

她是怎么做到的？提前半年，把全球所有能够看到北极光的地点，画成精细的表格，分析时间，概率，精准地掌控大自然最不可能掌控的那部分。

这么有趣的姑娘，我们允许她身材胖一点，说话耿直一点。

所以你看，你觉得自己无趣，绝不是因为爹妈没有从小培养你的口才，而是你没有在有趣的事情上下功夫。

[有趣是无法伪装的]

有趣不是软实力，而是硬资本。

有趣的姑娘，都有强大的好奇心与更加强大的行动能力，她们不允许自己的生命浪费在无趣的事情上。

即使星期天出门吃顿饭，她们也会广泛研究攻略，选择一家有意思的餐厅，不介意路程远一点。如果只是在家门口的老王家吃碗面，她宁愿自己在家做，比如泡一碗速食热干面，倒进去一杯不加糖的豆浆，这是最近本地论坛最流行的黑暗料理。

这个过程，可不全是美好的记忆。一个登山归来的有趣姑娘，会告诉你眼睛被蓝天洗澡了，心灵被雪山荡涤了，却不一定告诉你她坚持不下去时，躲在帐篷里哭。

一个人无趣的本质，是生活的无趣。有趣是无法伪装的。仅仅从技术层面上练就的有趣，很容易变成油滑。

逼自己走出懒惰的舒适区，像满足食欲一样善待自己的好奇心，你才可能成为一个有趣的姑娘。

变得有趣并不比做好工作容易。任何看上去不费力气的事情，之所以只有少部分人做到了，是因为大部分人其实都愿意待在自己的舒适区，既没有勇气选择不一样的人生，更不愿意把时间与精力花在那些无用而有趣的事情上。

你的文化修养越高，路才更长

有文化，不仅仅是指天文地理、医卜星相等这些书本知识，还包括由阅历、眼界、常识和思维方式构成的整体精神气质，是一个人接受良好的行为规范与正确的价值观念，并内化于心，外化于行。

人是脆弱的生物，但文化给人注入力量，异常柔韧而坚强。文化在我们心里犹如土地在脚下，土地有多重要，文化就有多重要。

[有文化的人生活更有情趣]

朋友相约秋游赏景，看到眼前一排飞鸟翱翔，有文化的人立刻吟诵"落霞与孤鹜齐飞，秋水共长天一色"，一旁其他的人只会惊叹："哇，好多鸟，好漂亮！"

丈夫出差在外，好久不能回家团聚，妻子发来微信"何当共剪西窗烛，却话巴山夜雨时。"而大多数人只会一条条发送重复啰嗦的微信语音："亲爱的，你什么时候回来？我想你了！"

一个人有文化，他会在日常生活的点滴中将自己的文化积淀巧妙地转化为一些生活中的有趣点，让自己与他人的生活在平凡琐碎中也能开出一朵趣味的小花来。

有文化的人读过一些书，走过一些地方，明白一些事理，对于书本上看到的知识能自我理解并内化为自己的文化素养，对于别人生活中的闪光处善于发现，他勤于学习，因此孜孜不倦追求着更美好更充实的内心世界。

因为有着更丰富的阅历与更敏锐的洞察力，有文化的人能努力保持生活的新鲜和对生活的热爱，让自己的生活更有情趣，任何一点文化积淀都是锦上添花。

[有文化的人心灵平静不惧孤独]

文化使人内心强大，有文化的人，自己的内心有足够多的力量认同你，支持着你，即使是一路看着寂寞的风景。

《肖申克的救赎》里的男主角安迪，有一次因为私自为整个监狱的犯人播放莫扎特的《费加罗的婚礼》选段之后，被关了两个礼拜单独监禁。普通人关一个礼拜就会疯得受不住，他的犯人朋友都以为两个礼拜也一定会把安迪逼疯。

但是当安迪结束单独监禁，和所有人打招呼并坐下来吃饭的时候却满面笑容，他的回答是：有莫扎特陪我，在我的脑海中，在我的心里。

可见，有文化的人，他们会坦然接受甚至享受寂寞，因为他们知道这一切都是有意义的。甚至，有时候寂寞对于他们来说是躲避压力，重新面对自己的本源和初衷的一种方式。一人独处，也能把生活过得有滋有味而不会觉得太无聊。

而没文化的人，他们会逃避寂寞，恐惧独处，因为他们不懂得如何自己来定义自己，他们只能通过他人来判断自己的存在和意义。

梁晓声说，读书的目的，不在于取得多大的成就，而在于，当你被生活打回原形，陷入泥潭倍受挫折的时候，给你一种内在的力量，让你安静从容地去面对。

[有文化的人教养良好，懂得尊重别人]

有了丰富的见识和阅历，我们对自我的定位与判断才更清晰准确，因此在人际相处中，才能够谦卑有礼、尊重他人。

小杜读过不少经典名著，尤其对国学知识颇有一番自己的见解，孔孟之道信手拈来，在单位里是出了名的知识分子，大家平日对她暗自佩服尊重有加。

有一次段姐因为儿子的语文作业前去请教，小杜瞄了眼题目竟嗤之以鼻："初中语文题啊！这么简单还要来问我？段姐你不要瞧不起人啊，我好歹可是985毕业的，要我说，现在中学语文课本都是老师瞎掰，这种题不做也罢！"

她的嗓门很大，办公室里顿时一片沉寂，大家从此对小杜有意远离，虽然她学历高，懂得知识多，但是如此趾高气扬，哪里是一个读书人该有的姿态？把自己位置拔高，不懂得尊重他人，这样只能勉强称得上有个性的知识分子，并称不上真正有涵养有素质的文化人。

文化无须刻意表现，它渗透在每一个细节中，以春风化雨、润物无声的方式告诉我们，言谈举止如何合理得体，为人处世如何宽容尊重。

而且，文化教养跟穷富无关，飞欧洲的头等舱上也有没教养的行为，偏远乡村田埂上的人们也知道礼义廉耻。不管你的出身和背景，你都可以选择做个更好的人。

一个人有文化，到底有多重要？它能让人生活更有情趣，能从容不惧孤独，能时刻尊重别人，这样的人有着根植于内心的文化修养。

谁都曾迷惘和彷徨却坚持着

你要善于自我反省,
与人为善,
但更要懂得坚持自我,
认为对的事情就要去做……

年轻人犯错误不要紧，因为你还有时间去弥补

儿子，你知道吗，就在你离家上大学的前几天，爸爸和你一起去洗澡，我追到门口，对爸爸说："别忘了给儿子买瓶饮料。"他一边穿鞋一边答应着，然后和你一前一后走了。

门关上，我的眼泪忍不住掉了下来，这句话让我好感伤。

你小时候，都是在家里洗澡。长大一点，我不能给你搓澡了，爸爸又笨手笨脚的，所以每隔一段时间，爸爸就会领你去外面的洗浴中心。你每次都磨蹭着不爱去，我就会哄你，"乖，让爸爸给买瓶饮料喝。"然后假装很认真地叮嘱爸爸，"一定给儿子买瓶饮料，别忘了。"我俩一唱一和，哄着你去。

我说了好多年，现在，你都18岁了，在我心里，我依然当你是个小朋友，一个只有为了饮料才会去洗澡的顽皮孩子。

我以为我是那种酷酷的妈妈，我一直都散养着你，最大限度尊重你的自由，我们母子之间更像朋友，而非两代人。你也说过，我是最理解孩子的妈妈，你很幸运，遇到了我这样的妈妈。我想，这样的妈妈一定不会因为你即将离家求学而难过，但事到临头，我终于知道，有些事，永远不会像想象中那样简单，有些关口，你永远不可能真正做好准备。

别离，无法演练，只有这一刻真的来临，你才会发现那情感的浓度到底有多深。

我亲手把你送到学校，你去求学，亦是开始自己的新生活，而这一去，

就很难再回到过去朝夕相对的生活。我们必须忍受这种分离，因为一代一代的人就是在分离之中追随自己的人生。

没有果实掉落地上，就没有新生命的萌芽。没有孩子离开父母，就没有新生活的启动。

儿子，离开父母的你，变成了一个大人，你在一瞬间长大。

你走之前，妈妈就答应了要写篇东西给你，作为你进入成年世界的礼物。你说你很多同学都会看妈妈写的东西，那么，这篇文章也写给你的同学们，以及所有离家去求学的孩子。

[要与人为善，不要活成一座孤岛]

初次离家，难免内心充满惶恐，脸上充满冷淡，就像一个小刺猬，要亮起身上的刺来保护自己，抵御着所有可能的伤害。

越是紧张，越是戒备，越会孤独。能缩短人和人之间距离的，唯有友善和真诚。

要对每个迎面而来的人说一声"你好"，或者露出一个微笑。

要做一个有热情有感染力的人，看得见别人的需要和痛苦，举手之劳就能办到的事情，一定要去帮助别人。不要用强调个性掩盖自己的冷淡和自私，善良、热情、亲和，这是走到哪里都不能丢弃的品质，人生最大的成功与快乐都隐藏在这里。

[要有自己的原则，学会拒绝]

要做一个好人，这是底线，不要被别人欺负，这是原则。

你一定要明白，即使你是一个最慷慨无私的人，你也会令某些人失望，总是有些人的需求，会超过你所应该承担的范畴。

对于不能做到的事情，或者不合理的要求，要学会拒绝，不要含糊其辞，吞吞吐吐，这样很容易给别人多余的希望，如果你做不到，反而会加倍地招来批评。

滥好人不是善行，而是懦弱。有原则，善良才会成为美德。

[做人要宽容，冒犯不等于被伤害]

人际关系中的分歧随处可见，你所遇到的每个人都带着各自家庭的背景，带着各自的个性，每一场相逢，都是差异的融合，也是差异的碰撞。

有人做了让你不舒服的事情，可能是误会，也可能是信息不对称等造成的分歧，或者这件事在对方的世界中是正常的，要懂得分辨这其中的差别，不要把所有的冒犯都看做是伤害，并急于反击。

要学会宽容别人的失误，接纳每一种不同的生活方式，修养不仅仅是展现自己美好的一面，还包括对不够美好的东西的包容。

[要不卑不亢，平等待人]

离家在外，你的世界越来越大，世界中的人越来越多，比你更优秀的人会更多，比你差的人也会很多。你会不断经受这种人与人之间比较所产生的落差。

要诚实面对自己，诚实是破解纷繁世情的那条最短的直线。技不如人，就承认，"我做得不如你好"，遇到自己没见过的场面，坦言，"我没见过"。千万不要为了掩饰自己的虚弱，故意伪装自己，命运最喜欢嘲弄这种装神弄鬼的人。

做人，一定要不卑不亢，平等平和。当自己在人上的时候，要把别人当人，当自己在人下的时候，要把自己当作人。

不如你者，不嘲弄，比你强者，不攀附。

[要做一个有目标的人，管理好自己的生活]

突然离开父母，没有了父母或多或少的唠叨和管理，年轻人很容易变得失去目标，守着一大把时间不知道用来干什么。

要学会自我管理，自己成为自己的主人。这句话说起来很简单，其实很不容易做到。一个善于自我管理的人不仅需要强大的意志力，还要有很好的心理调控能力。所有的成功者都各有优势，但他们身上最为集中的优点都是出众的自我管理能力。

确定一个人生的大目标，即你要成为什么样的人，这由你自己来决定。每一天都要有小目标，不必太僵化，而是要有一个大概的方向。

早晨起来做一个备忘录，把自己一天要做的事情都记录上，晚上的时候看看做了多少，没做完的是为什么，自我反思一下。今日事今日毕，别拖延，拖延成了习惯就会积重难返，一路下滑。

不积跬步无以至千里，一点一滴的行动力，最终汇成的，就是一个掌控在你自己手里的人生。

[认识世界真实的样子，那就是不会以你所想象的方式运转]

大千世界多极品，这样的认识一定会在某一天涌上你的心头。

曾经在家庭的小世界中，是以你为核心来运行的，但外面的世界中，有无数个你这样的星球，保持着自转，他们自有系统和规则，还有很多你无法理解和接受的状况出现。你会见识到更好的，也会经历更糟的，然后你会失望，会怀疑，"这个世界到底是怎么啦？"

没怎么，世界就是这个样子的，只是以前你见到的是一个侧面，一个片段，是父母过滤之后交给你的一个不够真实的世界。现在，你才真真正正用自己的双脚来丈量这世界的长度与宽度，发现那些叫人惊诧的丑陋、虚假、堕落，当然，你也会遇到你从未见识过的美好、善良、真挚。

成长的路上，一定要走过对社会和世界失望这一关，你要褪尽浮躁，获得成熟，也要拨开浮云，拥抱真实。

[苦闷的时候少去想，多去做]

人在年轻的时候都有一样的特质，那就是对未来的迷茫和困惑，"我要成为谁""我要到哪里去""我能拥有怎么样的未来"。

所以，年轻人的弱点也是一样，想得太多，做得太少，一方面停滞不前，一方面又怨天尤人。知道自己不想要的是什么，却不知道自己对于想要的东西应该付出什么去换。

农民低着头在田间劳作，他们很少抬头，因为如果总是抬头去看，就难免会被面前漫长的垄沟吓到。低下头，闷声去做，总会有那么一刻，会发现已经走到田垄的尽头。

人的未来都是在眼下的时光书写，要想让未来变得眉目清晰，就要在这一刻减少遗憾。

[不追求特立独行，但要永远相信自己是独一无二]

彰显自己的个性有很多种办法，有的人选择在外在上刻意表现，行动出位，哗众取宠，但最好的方式其实是修炼自己的内在。

我们都是普通人，人海中没有太多特别，真正特别的是我们的内心，那里藏着每个人独一无二的灵魂。

要用心雕琢自己的心灵，尊重自己的个性，按照自己的节奏去成长，不盲从于任何人，也不被任何所谓的潮流裹挟，专心致志地把自己活成一个品牌，一个属于自己的品牌。

[被所有人喜欢不应该是你追求的目标]

你再好，也会有人不喜欢你，这是你一定要记住的。

不喜欢你的人，总有不喜欢你的理由，有的是你能改变的，有的则不能。不要因此而烦恼，如果是自己错了，那就去改，如果对方执意如此，那就让他去，不要在不喜欢的人身上浪费自己的时间和感情。

你的价值，不由喜欢你的人决定，也不由不喜欢你的人决定。有时候，过于追求被人喜欢的快感，也会让你迷失自己。你要善于自我反省，与人为善，但更要懂得坚持自我，认为对的事情就要做去，无畏人言。

这个社会最终尊重的，只有强者。

[爱不是让你丧失原则的理由]

爱情是每个人都应该经历的美好缘分，也是体验人生的最好途径。

要放开怀抱迎接爱情，但也不要为了爱情而扭曲和改变自己的原则。

不要为了寂寞谈恋爱。爱情是很珍贵的情感，随随便便抛撒出去，把爱情变成创可贴和止痛药，都是对自己的亵渎。

不要介入别人的恋爱。喜欢一个人没有错，你也无法保证自己喜欢的人都是单身的，但管不住自己的心，也要管得住自己的手。不是所有的爱都应该得到，有的爱注定会成为遗憾，那也是一种美好。

不要死缠烂打。爱情可以炙热，但不可没有底线，当爱情已经失败，或者对方无意于你，就是激情散场，风度上场的时候。坦荡放手，为爱尽到了心意，那就是你对爱情最好的致敬，要尊重对方的选择，正如尊重你自己的人格。

[不要害怕犯错误，那才是真正的命运]

世界上没有不犯错的人，也没有人能从一开始就知道一切。犯错，才是我们真正的命运。

不要把所有的精力都用在维护一种完美的幻象上，也不要时时刻刻想着不要被别人看到自己的弱点，那样人就会活得不真实，而且不安。

我们被错误左右，也被错误成就，无论喜欢还是不喜欢，我们都将与错误如影随形，相生相伴。要学会与错误拥抱，与错误和解。

年轻人犯错误不要紧，因为你还有时间去弥补。

[时间的积累会带来巨大的惊喜]

那天看到周迅说她18到28岁的人生经历，很感慨。

周迅18岁的时候，在浙江艺术学校上学，那时候，她还是个不知道自己到底想要什么的女孩子。

每天与同学们唱唱歌，跳跳舞，疯疯玩玩，生活混混沌沌。

她记得清清楚楚，1993年5月的一天，艺术学校里的一位老师忽然把她叫到办公室，问她："现在的生活，你满意？"她摇了摇头。

老师笑了，说："不满意的话，说明你还有救。你是一棵好苗子，但是你对人生缺少规划，散漫而混乱。你现在来想想，十年以后的你会是什么样子？"

十年之后？这么遥远的事情，她还真从来没想过。

老师说："没想过是吧，那现在就好好想一想，想好后告诉老师。"

她沉默了好久，慢慢地说："我希望十年之后，自己会成为一名成功的演员，同时可以发行一张自己的音乐专辑。"

老师说："好，既然你确定了，我们就把这个目标倒着算回来。十年以后，你28岁，那时你是一个红透半边天的大明星，同时出了一张专辑，那么，你27岁时，除了接拍各种名导演的戏以外，一定还要有一个完整的音乐作品，可以拿给很多唱片公司看；25岁的时候，在演艺事业上你要不断进行学习和思考，在音乐方面要有很棒的作品开始录音了；23岁时就必须接受各种训练，包括音乐和演技方面的；20岁时就要学作曲、作词，在演戏方面要接拍大一些的角色了……"

从此,她把老师的话记在了心里,她觉得自己整个人都觉醒了。

一年以后,19岁的她从艺校毕业,就勇敢地闯荡北京,成了一名"北漂"。

她始终记得,十年后她要做一名成功的演员,所以对角色就开始很认真地选择,后来她拍了《大明宫词》、拍了《橘子红了》等影视剧,慢慢被观众所熟知。

然后再签约李少红导演的影视公司,也慢慢尝到了成功的快乐。

2003年的5月,正好是老师与她谈话的十年之后,她果然成为国内的一线红星,知名度正渐渐向国际拓展,她也果真有了属于自己的第一张专辑《夏天》。

十年时间,不算长,也不算短。

想想自己,1993年,我还在读初中,应付着没完没了的考试与测验。

十年后的2003年,我已在上海,在公司工作、加班,为了想在这个寸土寸金的都市买一套属于自己的房子,给自己一点归属感而辛苦着、努力着。

这十年,觉得自己大部分时间处在一个尚未觉醒而混沌的状态。

再后来,从2003年到2013年。

这十年,在上海这个城市扎下了根,有了自己的家,有了两个孩子,为了工作、为了家庭、为了孩子日复一日地忙碌。

感觉自己慢慢觉醒,梦想渐渐萌芽。

2009年底,2010年初吧,开始利用业余的点滴时间,努力读书、写作,发表了二百余万文字,成了《读者》《青年文摘》《意林》等期刊签约作家,写了一些专栏,进入了中国作家协会,出版了数本属于自己的书,入围了鲁迅文学奖……

这十年,说遗憾,有;说后悔,也谈不上。

在上海这个对于我没有任何根基的城市，为了基本的生存，花去十年，谈不上后悔。

那么，2013，2023年这十年呢？十年之后的自己，该是什么样子？

是时候该想一想了。

十年时间，一个呱呱坠地的婴儿能够长成一个天真浪漫的少女；

十年时间，一份卿卿我我的爱情能够沉淀成血浓于水的亲情；

十年时间，满头的青丝能够变成斑斑的两鬓。

……

一年、十年，是一种岁月的积淀。

十年所收获的，需要一年又一年地累积，才能有质的飞跃。

一年的努力，可能看不出什么，但十年的努力，就可能是水到渠成。

一年的梦想很梦幻。

十年的梦想，可能就成了活色生香的，现实。

所以，从现在起，眺望，十年后的自己。

丰富自己
比取悦他人有趣多了

[姑娘,学历只是张不同席别的车票,

赶路的你,不需要太多朋友]

这个话题还要从一个小姑娘后台自卑地发问开始讲起。

原文我就不贴了,姑娘的大意是自己学的是师范专业,兴高采烈地跟两个小伙伴一起去某所学校实习,身边的老师都是正儿八经正式的"铁饭碗",一开始的时候那群老师还以为她们是被招来的新老师对他们很是热络,可知道她们是实习生之后就渐渐疏远,她总感觉自己和小伙伴都因为实习的身份和学历太低被人奚落让人看不起。

在这里,我想说的是,姑娘,自己的价值真的有必要非要得到所有人的认可吗?有必要需要别人来评判自己的人生吗?

大专学历怎么了,我就是大专学历,可我手底下带的15个人,清一色本科以上,甚至还有俩是硕士研究生学位,可我并不觉得他们在哪个层面上会比我多个三头六臂,都是一步一个脚印走出来的取经人,谁也没有一生下来就能上天入地。

当然,我在这里并没有打算炫耀自己或者以任何贬低学历的妖言迷惑众听,学习是一辈子的事儿,不该这么早就给自己下定论,不然我也不可能再努力工作，抽空写作的过程中还想着投资自己去续个本科，读个研究生。

爬得更高不是为了让全世界都看到自己，而是为了让全世界的风景都能尽收自己眼底。

本想给这小姑娘讲一讲我自己小时候的故事，当时时间太晚，自己又重感冒缠身，索性这个故事就拿出来，在这讲给所有"努力合群"的人一起听：

当时，我大概是小学三年级，家道中落，随着父母到处飘荡。当时是父亲白手起家的初级阶段，又身处外地，我家里没有钱，成绩跟不上，体弱还多病，总是班级里最被嫌弃的那一个。

于是，我拼命地去捏造自己，以适应他们喜欢的类型，以为这样就会有朋友。我省吃俭用给他们买礼物，他们要玩什么游戏我都积极参与，哪怕是逃课、去游戏厅、下河游泳，我都舍命相陪。可后来一次，这群家伙得罪了一个高年级的小混混（其实也没有多穷凶极恶，就是比我们大了两级，个头高了许多而已），在对方问责的时候，所有人一起把我推了出去。

于是，我捂着火辣辣的脸蛋哭着回家，连着两三天都不好好吃饭。父亲担心，过来问我详情，我哭着鼻子把大致的情况告诉了父亲。他脸上一会儿红一会儿绿，最后竟也湿着眼眶对我说："儿子，以后咱不跟他们玩了，其实你并不需要那么多朋友。"

后来，我就远离了他们，埋头学习，最后从那个乡村小学里，以全校第一的成绩升入了市里的一所重点中学。而他们继续一起打闹，一起游戏，一起合他们的群。

所以，看到没，有的时候你再怎么努力，对于"合群"来说，只是暂时填补了别人嫌弃、自己多余的空缺而已。物以类聚，人以群分，你本来就不属于那里，只要足够努力，总有一片自己的一亩三分地。

[所谓"人脉"，也是趋炎附势的鬼东西]

上个月月底，公司里平时最会溜须拍马、阿谀奉承的那个同事辞职了。

这小伙子来自东北的农村，家庭条件不好，所以一路摸爬滚打也实属不易。他渐渐地发现，在职场上靠能力出头只是鸡汤文里的故事，靠着巴结领导结交人脉才是一条最好的捷径。

无所不用其极：星巴克、香奈儿、购物券什么的都豁出去了往上送，从老板的饮食起居到领导的朋友圈都360°挨个不落下，以能跟老板一起吃饭发自拍为荣，以老板会给自己朋友圈点赞为誉。

可就在上上个月，这高管跳槽去了另外一家公司，连头都没回。

这时候这同事回头再看的时候，除了他以往逢迎的那些人向着他们的新老板对他诟病有加之外，不对他刻意落井下石，已经算是万幸，再看看周围的同事们，他几乎就自己孤零零的一个人。

临行前，我念及之前的同僚旧情，也念在接过人家从东北老家给我带来的咸鱼，请他吃顿饭，算是"谢鱼"之情。哥们儿自嘲，想想看来，只有这条咸鱼没有白送，可是仍在纠结自己像个孙子、像狗一样苦心经营的"人脉"为什么没能让自己翻身。我只笑笑，不否定，也不再置评。

若是他始终认不清什么叫人脉的话，这辈子都别指望翻身。

所谓人脉，其实是一种"价值交换"，是建立在双方都有利用价值的基础上的，情投意合不重要，门当户对才是根本。讲真，你努力合群的状态，真的让人很心疼。

所谓"六度人脉"是指：地球上所有的人都可以通过六层以内的熟人链和任何其他人联系起来。通俗地说："你和任何一个陌生人之间所间隔的人不会超过六个,也就是说,只要你愿意,最多通过六个人你就能够认识世界上的任何一个陌生人。"

我不否定"六度人脉"理论上的科学性,人与人之间,是可以通过不断邂逅、攀交而互相熟识。但我也深知,我若想投身政界,为党为国家为人民出一份自己的力,那我非常清楚其可性有多大。

刚刚开始工作的时候,我也是个如履薄冰的小菜鸟,刚到的第一家公司里,同事们都是这个行业里经验丰富、人脉丰富、手段老练的老员工。为了能够更快速更及时地融入这个团队里,我每天早上连早餐都不敢吃,争取能第一个到达办公室,帮所有的同事把垃圾收走,把茶杯里的热水续满。

同事们从一开始的欣喜到后来逐渐的习惯,再到后来有脾气就往我身上撒,比如有人咆哮着说"是谁在我茶杯里给我倒了这么烫的水,烫死我了……",比如有人手忙脚乱的时候会埋怨"哎呀,真是烦人,我放垃圾筐里作废的合同,本来今天还打算拿出来再看看的,却不知道被谁给扔掉了,真是烦人……"

习惯卑微到尘土里的自己,在别人的心情感冒、发烧、打喷嚏的时候你还比不上那些病毒和细菌。

[别让"朋友"毁了你的"朋友圈"]

有我微信的粉丝会偶尔发信息来问我,你是不是把我设置到分组可见的群里去了,看你之前发朋友圈好慷慨澎湃,现在一个月都不见你发一次。我想说的是,我的微信,从不设置分组,不想让别人看的,我只会对自己可见。

至于之前在朋友圈里晒加班、晒辛苦、晒情怀、晒奋进的套路我也是学来就用,也会在那些所谓的圈子中给别人去点点赞、评一评,但久而久之会发现这对于升官、发财、走大运的期许根本起不到什么作用。所以就又让它还做回了晒娃、晒妻、晒感动的干净样子——朋友圈，真的只给朋友看。

最后，想鸡汤一把，用自己之前发在朋友圈里对老板设置不可见的一句话送给大家，以飨可敬可畏的后来的你们：

不要去追一匹马，

用追马的时间种草，

待到春暖花开时，

自会有大批骏马驰骋在你的草场；

不去刻意巴结哪一个人，

用暂时没有真正朋友的时间，

去完善自己完善你的能力，

待到时机成熟时，

会有一大批的朋友任你选择。

用人情做出来的朋友只是暂时的，

用人格和心意吸引来的朋友才能长久。

所以，

丰富自己，

比取悦他人要有力量得多。

讲真，看看你努力合群的样子，自己是不是也有点心疼？

有时任性一点也是一种快乐

认识一个女孩子。

成长在一个传统封建的农村家庭，在她下面还有一双弟妹。弟弟自然是重男轻女下的产物，每次一想到长辈们的行为她就特别揪心。

从小被灌输最多的思想就是要懂事。而这种懂事就是什么都应该让着弟弟，吃穿自然不必多说，还要打不还手，骂不还口。

从上初中开始，每到寒暑假她都会出去打工，而弟弟长这么大从来没尝试过自食其力。最为过分的是他们甚至要求她在大学不要谈恋爱，好好工作，帮弟弟以后结婚存一笔钱。

我说你有想过改变或者反抗吗？

她说想过，但无论是父母还是亲戚，都是从小就教育她要隐忍，要懂事，所以性格比较懦弱。

我说你这不是懂事，是愚从，甚至以后很可能会因此而牺牲掉自己的幸福。

这话自然不是危言耸听，因为她以后终究会和别人组建自己的家庭，但婚后原生家庭仍会习惯性地向她不断索取，但那时候已经不再只是一个家庭的内部矛盾，而是她的原生家庭与自己小家庭之间的冲突。即便她还坚持"懂事"，但她还需要考虑他老公的感受与意见，毕竟他没有任何义务去帮她照顾兄妹。

沉默了一会，她说："我知道自己最终会离开这个家，这个家以后也可能不再是我心中的首位，但这些都需要时间，需要一个契机。"

有时候想，或许我们都习惯了在长辈们的指点中成长，遵循他们的意愿，沿着他们所规划的轨迹一路向前。而在反抗意识最为强烈的青春叛逆期，所作出的斗争却又是荒唐无趣。且最后亦会随着成长而逐渐成熟起来，最后变成一个他们口中懂事的人。

可是，什么是懂事？

在我看来，懂事无非就是懂得体谅长辈们的辛苦，在力所能及且不影响自身健康有效成长的前提下，尽可能地减轻他们的负担。学会独立，懂得感恩。

而在现实生活里，在当下普遍的家庭现状中，懂事这个词却变得简单而又颇为有趣，就是无尽地隐忍、无端地顺从。

当懂事变成一种约束，那么从这种品质上获得的认可越多，拥有这种品质所需付出的代价也越大。

曾有读者向我留言倾诉自己的故事：

他叫阿宾，大学时候在学校谈了一个女朋友，但父母一直反对他们在一起。原因很简单，姑娘家经济条件不怎么好。可除此之外，无论是仪表相貌、还是为人修养都很不错。最重要的一点便是两人一路走来，感情比较深厚。

两人一直拖到毕业，可这时候阿宾的父母仍是不为所动，坚决要求他们分手。年轻人刚走入社会参加工作本就不易，又要时刻忍受父母的高压，两人越走越绝望，最后悲痛相离。后来阿宾依据父母的要求谈了一个门当户对的女朋友，再后来某一天他突然听到了前女友结婚的消息。

当天晚上，阿宾把自己喝醉了，而父母则仍是在不亦乐乎地忙着规划他的人生。

我一直便认同一个道理：没有谁会为你的未来负责，除了你自己。

每个人都是独立的个体，世界上不存在比你更了解自己的人。谁也没必要为他人而无端作出委屈自己的改变，同样，你也没必要为父母的主观独断、甚至狭隘的眼界买单。很多时候你觉得错了，可他们仍然觉得无比正确。

职业规划的时候，你喜欢有挑战的工作，而他们觉得你不考公务员就是不懂事。因为在他们的格局里，安逸即是一种最大的幸福，但你却更执念于折腾的人生。

面对感情的时候，你觉得对方是一个与你兴致相投的灵魂伴侣，可父母却认为对方矮了丑了、胖了瘦了，家庭条件差了。因为他们不懂你们的心灵契合，所以只能从表面条件作出甄选。

当下有一种观点，即对待父母最好的态度便是四个字：孝而不顺。对此我深表赞同，百善孝为先，但这并不意味着你需要无原则无底线地愚从。因为当下很多父母都有一个通病：过多参与成年子女的人生规划。

更有甚者早已"迷恋"上了这种家长式的权威，一旦孩子出现逆反就习惯性打压，"不懂事"更是成了他们"讨伐"的口号。当长辈们聚在一起谈论后辈，夸奖说哪家孩子真懂事，通常就只是因为那个孩子不违背长辈的意志，能够无条件地遵从他们的意愿。

可真正的懂事，更多的应该是一种懂得感恩与换位思考的品质，但绝不能因为自己的愚昧与懦弱，而将之变成一种自我捆绑的绳索。

至少，你没必要做一个永远"懂事"的孩子。

[生活与态度有关，与年龄无关]

三十岁生日那天，收到小美发来的微信：生日快乐，老女人。

我回她一排抓狂脸，假装生气道：别忘了，你会一直比我老。

小美发来一个大笑脸，外加两个字：是吗？

我还没想好该怎么回，她又来了一句：我数学不好，你不要骗我。

小美今年三十六岁，原名蔡××，"小美"是我们给她起的外号，"美剧"的"美"，而她的人生比美剧还美剧。小美还有一个英文名：DQ，意思是DramaQueen。

小美当过会计，写过小说，开过公司，当过富婆，破过产，最后终于找到自己真正热爱的工作——种田，于是2012年把"帝都"的房子卖了，去云南承包了块地，一直种到现在。当初多数朋友都觉得她疯了，少数朋友夸她勇气可嘉。对前者，她说："你觉得我疯了这事儿跟我有关系吗？那是你的问题吧。"对后者，她说："这有什么勇气不勇气的？违背自己内心的事，才需要勇气吧，做自己想做的事只是本性使然。你看到红烧肉很香，就掏钱买来吃，这算是勇气吗？"有人问她："不怕赔得精光吗？"她回答："赔光了可以再赚嘛，大不了我再去当会计，反正饿不死就行了呗。"

三十二岁的时候，小美在朋友的聚会上，认识了一个已婚男人，他叫小奇。

有一天午休的时候，小奇突然收到一条来自小美的短信：我喜欢你。你结婚了，我不想跟你干嘛，只想告诉你，你很棒，我很喜欢你。

收到这种奇葩短信，一般的男人估计会被吓到，但小奇也是朵奇葩，他回了一句：谢谢。

小美：不客气。你可以请我去你家吃饭吗？

小奇：为什么？

小美：我觉得你这样的人，应该不会选择结婚呀。所以我特别好奇，什么样的女人能把你收服。

小奇：我得问问我老婆。

小奇把整件事情讲给老婆听了。一般的女人估计会醋意大发，不管怎样总会有点不爽，但小奇老婆也是朵奇葩，就叫她小葩吧。小葩说："请她来呀。她喜欢吃鱼吗？"

请小美吃晚饭的头一天晚上，小葩给我打电话："路路，明天来我家吃鱼吧。"

我说："好呀！话说为什么叫我去吃饭？"

然后小葩就跟我讲了上面的故事，讲完还问我："你说会不会有点尴尬啊？"

我对着空气翻了个白眼说："不尴尬才怪！"

"嘿嘿，所以叫你来！明天见啊！"然后小葩挂断了电话，留我一人在霾中凌乱。

第二天的晚餐，四个人谈天说地，从黄晓明的下巴到量子力学；从第一次约会到人生理想；从国际政治到魔芋烧鸡……让人不禁联想到小时候学校黑板报上八个大字——严肃认真，紧张活泼。在一分诡异、九分欢乐的气氛中，盘里碗里的美食被我们一扫而空。

临走时，小美对小葩说："你让我彻底服气，你俩在一起真的是太完美了，你是怎么做到的？"

小葩笑着说："我爱他，他是自由的。"

这句话让我印象非常深刻。几年后，看到一个豆瓣上的友邻说："对爱情，我觉得最好的态度是——'我是爱你的，你是自由的。'但很遗憾，大多数人的态度是'我是爱你的，你是我的。'甚至有些人只有'你是我的'的观念。这就是爱情里那么多猜疑、防备、算计、嫉妒，以及随之而来的挑衅、争吵、报复、背叛，最终只有失望、痛苦、疲惫、怨恨，乃至绝望的原因。"

底下一片嘲讽之声：LZ，你不懂爱。

对此我并不感到惊讶，因为很多人就是不相信世上有跟现有大多数人不同的爱情。而我对此种爱情的存在坚信不疑，因为小奇和小葩就是这样——我爱你，你是自由的。所以能坦然面对崇拜者，面对情敌，甚至可以成为朋友。如今，小美和小葩已是非常要好的朋友。

同样的剧情，换一批主角，恐怕会上演一场厮杀大戏，带来完全不同的结局。

有一次，小奇和小葩吵架。小葩扔下一句"这日子没法过了"之后，摔门而出。那天本来我和小美约了她一起吃饭，结果快到饭点的时候，她在我们"蛇精病互助小组"里宣布自己离家出走了，饭局取消。

在弄清缘由后，聊天记录如下：

我：你在哪儿？

小葩：十渡XX农家乐。

小美：好羡慕，我也要去！

当天晚上，小美就开着车捎上我，去了十渡。

第二天一早，小奇出现在我们楼下，西装革履，手里还抱着一盆花。

小葩说："你干吗？"

小奇："我觉得你昨天说得对，这日子真是没法过了，所以我也离家出走了。"

本来早就消了气的小葩哈哈大笑，飞奔下楼。

小葩指着花道："送我的吗？"

小奇："是，小美说我应该带束花来，但我出门时太早，花店都还没开门。我就在小区里拿了一盆。回去的时候，记得提醒我买盆新的，给人家放回去。"

小葩亲吻了自己的丈夫，然后抬头望着我们笑，那神情，就像初恋的少女。

小葩比我和小美的年龄都大。第一次让小美猜我和小葩谁大时，小美毫不犹豫地指着我说："应该是你吧。"我捶胸顿足，无语问苍天。小美意识到自己猜错了，立马"补救"道："但是……但是你看起来没比她大多少，最多大一岁而已！"其实我比小葩小六岁。

很多人好奇小葩是怎么保养的。据我所知，在护肤方面，小葩可以说是得了"直男癌"，她家的浴室里就一瓶洗发水，用来洗头洗脸搓澡。小葩从来不用面膜，每天早晚，几十块的保湿霜胡乱往脸上拍几下，这就是她所有的"保养"程序。事实上她收入并不低，也从不吝啬钱，买张桌子的钱已经够我买一客厅的家具。她只是单纯地对"护肤"这件事没有兴趣而已。

我曾经问过小葩："你为什么长得这么年轻？！"

她说："因为爱啊！"

那时候，她还没有遇到小奇。我说："得了吧，你女光棍一个，哪里来的爱？"

小葩说："正如你可以跟某人fall in love一样，你也可以跟某件事、某件物、某个爱好"醉入"爱河。我可以跟海滩、阳光、蓝天、滑雪、烹饪……甚至一本书，一把椅子，一张桌子，等等，fall in love，享受它们的陪伴，享受恋爱般的甜美。也许这么说有点肉麻，但当你和很多东西fall in love时，你就会fall in love with life，与生活坠入爱河。"

听她这么说，我一边浑身起鸡皮疙瘩，一边偷偷在心里记下了这段话。

写了这么多，那青春究竟是什么呢？

青春就是小美、小奇和小葩，还有那些像他们一样恣意地做着自己的人。对他们来说，年龄只是个数学概念，而且他们往往"数学不好"，彻底忽略自己的年龄。他们永远不会对自己说："×××岁了，我应该（或不应该）怎么怎么样"，他们的字典里，凡事只有两种分类："想做的"和"不想做的"。

当然，不是说非得拥有年轻的外表，成天活蹦乱跳，像年轻人一样活，才是青春。很多东西如果太刻意，就会变成自身的反义词。刻意地不在乎，实则很在乎；刻意地有趣，其实最无聊；刻意地自信，其实是种自卑……刻意追求"年轻"，再多的"肉毒素"也藏不住脸上的衰老。只有年轻的灵魂骗不了人，年轻的灵魂懂得让躯体去做自己喜欢的事。就算你喜欢的事是养鸟、打太极、跳广场舞，这些被贴有"中老年爱好"标签的东西，只要你能乐在其中，那也是拥抱青春。

青春，不是一段时间，而是一种态度。对有些人来说，青春从来没有来过；而对另一些人来说，青春从不曾离去。

因为无助和伤心过，所以才明白成长的深刻

闺蜜刚出月子，我去看她，她丈夫在一旁忙前忙后，或哄着孩子，或端茶倒水。

趁她老公不着痕迹特意抱着孩子出去的间隙，她捅了捅我："咋了？看你今天貌似心不在焉。"

我怔了怔，答道："也说不出来，就感觉……你老公有点怪怪的，怎么个怪法，我也说不出来……"

闺蜜和她老公是大学同班同学，当年她为了跟校草前男友赌气，特意挑了班上最老实巴交、最没有可能的他，玩玩儿暧昧。

没成想，卤水点豆腐，一物降一物，最后竟是左手毕业证，右手结婚证，由一场无心的游戏，上演了一出先上船后买票的未婚先孕大戏。

三个月危险期一过，紧接着就是婚礼。婚礼现场，闺蜜妈妈拉着我们，大倒苦水："两个人自己都还是个小娃子，现在居然还要带小娃子，我看他们怎么办哟。工作也还没定，公爹公妈也是个不管事的。我哪会带孩子，连我都是从小跟着保姆长大的……"

我们几个好朋友看着刚走出校园、一脸青涩的新郎，唯有跟着连连叹息。

"是不是感觉长大了？"闺蜜朝我调皮地眨眨眼。

"还真是！"

时隔不过半年，人还是那个人，却怎么看都不一样了：嗓音低了，走路

缓了，身姿挺了，举手投足之间完全褪去了男孩儿的青涩，仿佛退潮后阳光下的鹅卵石，温润妥帖。

闺蜜甜蜜地一笑，娓娓道来："刚结婚那阵子，我对他失望透了，感觉这哪是找了个老公啊，分明是养了个儿子嘛，做事没有章法，一点人情世故也不通，说他还来气，一到周末就通宵打游戏。宝宝都要出生了，他在单位还是个临时工，也不想着跟上级搞好关系，早点转正。

后来也没精力管他了，就这样吧，都说男人幼稚嘛。哪晓得，突然间就变了一个人一样，游戏也不打了，考编的书也开始看了，前阵子还刚转了正，跟他爸妈说话也知道轻重了，对我也比大学还好。

我就好奇了，就追问他怎么突然间变得这么好了。追问了好久，他怎么也不肯说，后来我假装生气了，他才告诉我，在产房里，他抱着还浑身是血的宝宝的那一刻，仿佛一副担子啪地落到了他的肩上。他忍不住弯了一下腰，再直起来的时候，感觉自己一下子长大了，就像一下子从梦里醒过来一样。"

"所以人啊，都是一瞬间长大的。"闺蜜伸伸懒腰，笑着总结道。

有一年寒假过后，大学同学小A回来后，竟跟变了一个人似的。

以前她是个典型的"星光族"，每个月生活费总在第一个星期便全部花光，接下来几个星期便开始饥一顿饱一顿地熬过去。

她还是个典型的夜猫子，每天晚上都是追剧、打游戏、看小说直到深夜，醒来又继续。我们永远不知道她是什么时候睡的，也不知道她是什么时候醒的，反正养成了习惯，每天午饭后都会轮流给她带一份外卖回去。

开学第一天，当我们陆续醒来，正在与被窝难分难舍的时候，小A闯了进来，比那股刺骨的寒风更令人清醒。

"来来来，一个个大懒虫，吃早饭啰！"我们大眼瞪小眼儿，半天没回过神来，直到早饭都吃完了，还觉得这是一场梦。

哪知道，那仅仅只是一个开始，接下来小A让我们一次次大跌眼镜：她不仅早睡早起、作息规律，而且每堂课都坐在了前排，认认真真听课记笔记，花钱也不再大手大脚。妇女节和父亲节的时候，还炫耀她省钱给父母买的大件礼物。

终于，在我们的"威逼利诱"的逼供下，小A长叹一口气："我给你们讲个不算故事的故事吧……"

寒假的时候，小A跟着母亲出门置办年货。年关将近，街上人来车往，比往日更要繁忙几分。

小A家在一个新兴起来的三线城市，很多交通设施都不完善，很多十字路口竟连红绿灯也没有。

前几年倒也没怎么注意，近几年经济发展迅猛，买车的人越来越多，一时间车水马龙、人车争道。

小A一如既往，没心没肺地"见缝插人"地往前冲，直到……手背处碰到一抹粗糙，一双手瑟缩地拉住了她。

回头，母亲一脸讪笑："车多，我怕。"

"嗯。"小A扭头，装作不在意，牵着母亲的手，小心翼翼地走过十字路口，眼含热泪。

"到了街对面，终于忍住了痛哭流泪的冲动，前方变得前所未有的清晰。我感觉自己一下子长大了，该懂事了，不能再这么稀里糊涂地混日子了。"小A羞涩地笑了笑，如春风拂过，繁花似锦。

大二暑假那年，我嫌热没有回家，成天待在宿舍里，开着空调，追着美剧，吃着外卖，日子好不惬意。

突然有一天接到父亲打来的电话，他在电话那头犹豫了很久才开口："……我和你妈对不起你，家里的厂子垮了，你看能不能跟学校老师申请一下助学金交学费，生活费先问同学借一个星期，我们凑齐了就打给你……"

"……"我愣神了一会儿，才反应过来他说的什么，"嗨！爸，我以为什么事儿呢，人家国外18岁之后学费生活费就自理啦……"

我插科打诨地把父亲逗得乐呵呵地挂了电话，一下子蹲了下来，一颗浑圆的眼泪"啪！"地打在地上。

蹲了好一会儿，眼泪却再也没有流下来。我迅速地跟辅导员联系好了申请助学金的事宜，跟做兼职的几个同学联系好帮忙推荐兼职工作，把银行卡的余额做了规划，站了起来。

一阵风突然吹过，那一瞬间我感觉后背发凉，空荡荡的，无依无靠，只好挺直了腰杆。

接下来，我疯狂地打工，省吃俭用。从小没有为金钱担忧过的我，终于体会到了一分钱掰成两半花的感觉。

最刻骨铭心的，是临发工资还有一个星期了，而我身上还剩50块钱不到，除去打工往返的车费，一日三餐只能吃最便宜的包子。

后来，从来不挑食的我，有了最不喜欢吃的食物——包子。

后来，父母生日，我给他们各包了1000元的红包。

后来，再也没有伸手问父母要过一分钱，并承担了家里近三分之一的债务。

我一直记得站起来的那一刻，仿佛电影里的蒙太奇，前一帧蹲着的是个小女孩儿，下一帧站起来时，却是个不动声色的大人了。

长大，往往在一瞬间完成。

因为无助，因为责任，因为爱……

很难交到好友是否因为你太浮躁

去年公司来了个新同事，英国回来，学设计的，负责公司产品的UI。

高高瘦瘦，像根行走的竹竿子。发型参考流川枫，气质参考坂田银时，爱偷懒，喜欢躲厕所里抽烟。

经过一段时间相处，和他的关系不错。

有一次公司集体加班，加到晚上十点。

因为顺路，和他一起坐地铁回家。

白天没时间聊天，也就下班路上能浅聊几句。

那天不知道怎么的，他跟我聊了很多。从他小时候的事，到读高中读大学，再到念语言学校，然后出国念设计。

也许是把我当朋友看，他讲了蛮多掏心窝子的话。

他家里有钱，父母离异，父亲从小到大没管过他。高中叛逆，开始桌球麻将，抽烟打架。大学为了逃离父权掌控，计划去英国念设计。一次性问父亲要了一笔钱，之后就在英国独立生活，没问父亲要生活费。

还讲了些有意思的事情：跟房东老太吵架、参加同性恋游行、参加滑板社团，吃腻了的土豆大餐……

当然，也聊了聊国外生活的孤独与艰难，还有他与他爸之间僵硬的关系。

一谈一笑间，他到站了。

"改天再聊，双休日有空出来打篮球。"说完这句话，他朝我笑了笑，走出车厢。

看着他越走越远，我心里产生一个想法：要是5年前就认识他，也许现在能成为很好很好的朋友。

经过那一天之后，接下来的情况怎样？

我很想说友情越来越深入，但实际情况是，那一天过后，就此止步。

加了微信好友，但聊天很少。双休日我约他出来吃饭，但他有事耽误了。那一次过后，便没再约。

他加入公司半年以后，提出辞职，自己想去创业。

临走前一起吃饭，和他碰了碰杯子，我祝他前程似锦，他祝我荣华富贵。

离开餐厅，他挥手告别，我目送他离开。

虽然说了有空再联系，但彼此也明白，都是套话。

我很明白：年龄越大，交友越难。

可能同样一个人，放到10年前，或者5年前，你和他能成为很好的朋友。

但放到现在，似乎行不通。

为什么过了23岁就再难交到好朋友？

这是我想了很久的一个问题。

[从路人到好友，需要时间去煮]

人人以情感为纽带，人人依附感情而活。而感情萌生，需要时间。

让人际间的弱关系转化为强关系，更需要时间。

原来我们为什么能成为朋友，因为原来我们有资本浪费大把时间折腾青春。

过去，我们没有身处流动性极强的社会，而是在封闭的学校。

学校里稳定的分班制、规律的运行规则，决定了你我可以在学校待上一整天。

既然待上一整天，自然就有故事发生。有故事发生，自然就产生情感的互动和沟通。

说白了，在学校，想不发生点什么都难。

学校简直是友谊加工厂，那是一个每天都在生产友情的地方。

把友谊比作料理，放在锅中烹煮，才可成形。时间就是那锅里的水，没有水，就没有可能。

反观现在，每个人的时间都是奢侈的，因为我们有一个新的身份，叫"社会人士"。

一周5天，每天下班只想回家休息。双休日两天，也大都有安排，排得满满当当。

有空闲的日子，只想在家休息犒劳自己，根本没时间分配给陌生人。

别人跟你说："我们交个朋友吧，双休日一起出去玩。"

你心里只觉得累，一没时间，二没欲望，三没激情。

交朋友，自己能整整好就不错了。

我们都太忙了，也太累了。

[有"共同经验"，才会有好朋友]

有个词组，叫"过命的交情"。

比如：一起挨过枪子儿、一起吃过牢饭、一起当过兵，等等。

当然以上纯属举例，但要表达一个意思，就是共同经验。

两个人共同经历一些事情，共同克服一些困难，才会有成为好朋友的可能。

共同经历一次惊心动魄的旅程、共同面对一次决定命运的考试、共同完成一个项目……

哪怕是一起玩过一个游戏,都是共同经验。

最近有个话题很火,叫"36个问题让陌生人坠入爱河"。起初,是大学教授曼迪·莱·凯特伦(MandyLenCatron)和一名陌生人尝试了这个实验,并在《纽约时报》刊文讨论,随后这个系列问题才开始走红。

简单来说,36个问题之所以能让陌生人之间产生好感,是因为它营造了一个相对私密和脆弱的空间,供两个人之间进行隐秘的对话。

有些问题的确会使人显示出脆弱的一面,比如"你人生中最感激的是什么?""关于怎么死去,你有没有过神秘的预感?""你最珍贵的回忆是什么?"。

在这场隐秘的对话里,两个人需要共同面对这些问题,然后一起克服,一起勇敢地回答。

一起经历过一些事情,才能使一段关系变得厚重。

[我们都被"社会化"了]

少年学生才谈感情,社会人士只谈利益。

23岁工作以后,你会很容易发现,周围人都是利益驱动的。

是目的性交往,而非情感性交往。

你对我来说有价值,我才会跟你玩在一起,吃在一起,喝在一起。

有价值我们就好好聊聊,说不定能成为很好的朋友,没价值你就一个人玩吧。

一个人社会化程度越高,这种对个人价值感的嗅觉也会越敏锐。

以前的聚会以"玩"为主,一群人KTV里吃吃喝喝玩玩乐乐,嗑嗑瓜子,抢抢话筒,兴致好了玩玩真心话大冒险,男同学女同学个个笑得没心没肺。

现在的聚会以"信息沟通"为主,几个不太熟的人聚在一起,发现有价值者,我们会寻求主动认识的机会。没有价值,那就一个人玩手机吧。朋友圈刷了N遍,各个新闻网站刷了N遍,最后太无聊了出去上个厕所透透气。

倒不是说人人都变得功利了,而是每个人都越来越适应社会,越来越适应从学生到社会人士的身份切换了。

抱歉,我没在你身上看到我需要的东西。

所以,我们可能成不了朋友了。

[每个人走的路都逐渐变窄]

年龄越大,每个人对自己即将走的路也越来越清楚。

23岁以后,人人都会通向一条窄路。

在这里并非指人人会通向一条狭隘、受限、不自由的路。

而是指随着思考与经历的增多,人们与自己相处的机会也在增多。毫无疑问,人们会越来越懂得审视自己的人生,尊重自我的存在。

这是精神层面的,还有现实层面的。

进入社会分工的阶段,人在被分流。阶层、视野、格局、知识的差距,都在不断扩大。

每个人拥有不同的职业道路,掌握不同的职业技能,并且在各自职业惯性的影响下,越来越专。

23岁之前，人的注意力会集中于外部世界。23岁以后，逐渐内化。

北京大学心理学教授赵丽华在一项研究中发现，年龄越大者，所结交的人也就越少，同时和既有的朋友之间则关系变得更加密切。

她的观点是，我们每个人内心都有一只闹钟，到人生的某个节点，就会铃声大作。它提醒人们人生短暂，繁华易逝，请停止四处交游，专注于此时此地。

赵教授认为，人们会开始全心投入在情感上对他来说最重要的事情，因此不再有兴趣参加各种饭局和聚会，而是更愿意把时间花在亲近的人身上。

强关系越来越强，弱关系越来越弱。

对个人而言，这种心理，会把许多"有可能发展为好友的人"拒之门外。

[你对好朋友的标准正在上升]

二十多年的生活经验，会把每个人培养为生活场上的老手。

见过物是与人非，经历过午夜的心碎，人很容易就成为老手。

会更懂得识人，会在交往中留有余地，不再全力以赴。

在热情的包装下，保持冷静与克制。

你似乎逐渐明白，不是所有人适合与你做朋友，也不是所有人值得你与之为友。

你的交友原则，开始有了筛选的标准。谁谁谁跨得过那道门槛，谁谁谁跨不过，一望便知。

和那些貌似朋友的陌生人优雅告别，这辈子恐怕不再见了。

毕竟交到好朋友，需要努力和运气。

交不到的话，自己安安静静地生活，一个人也自在快活。

[尾]

纽约时报中文网发过一篇文章《年过三十难交友》。

其实"难交友"的状态，从23岁就开始了。

我现在的微信好友有896个，可能真正到了生日宴会请客吃饭时，都凑不满10桌。

朋友成百上千，但真正能称得上好朋友的，也就2~3人。

虽然这几个人现在分散全国各地，但我也格外适应。

因为好朋友的意义可能在于，当你对所有事情都心生厌倦时，你就会想到他。

一想到他在世界的某个地方生活着，存在着。

你就永远不会对生活绝望，反而能产生些许信心。

于是，重新投入生活的怀抱。

真正理解好朋友含义的人，都会有这种感受。

有好友相伴，实在是一件快乐而近乎奢侈的事啊。

时光一去不返，别让遗憾太多

电视里的女主角终于要嫁给自己的爱人，她一个人半夜爬起来，穿上婚纱，对着镜子，没完没了地笑。吃着红薯粥，蓬头垢面地坐在沙发上，突然意识到，这辈子可能穿不上婚纱了，就是穿上，也未必有这样甜蜜的笑，就是有这样的笑，也已经太晚了。15岁的时候才得到那个5岁的时候热爱的布娃娃，65岁的时候终于有钱买那条25岁的时候热爱的裙子，又有什么意义。

什么都可以从头再来，只有青春不能。那么多事情，跟青春绑在一起就是美好，离开青春，就是犯傻。骑车在大街上大声唱走调歌，冬天的雪夜里"嘎吱""嘎吱"踩着雪地去突袭一个人，紧皱着眉头读萨特的书并在上面划满严肃的道道，走在商场里悄悄拆一包东西吃然后再悄悄地放回去。

看一个朋友拍的"搞笑片"，但看来看去，我就是笑不出来，原因是片子里都是些35岁左右的"中青年人"。这样的片子，若是15岁的小孩子拍，会"很搞笑"。若是25岁左右的人拍，会"挺搞笑"。但35岁的人拍，便觉得很不好笑。连愚蠢，也只是年轻人的专利。

张爱玲说，出名要趁早。我不知道别人怎么理解这句话，照我不堪的理解，就是早点出名，好男人就早点发现你，然后浪漫故事就早早地发生了。你若是35岁、45岁出名，还不幸是个女人，这名又有什么用呢？对于女人，任何东西，若不能兑换成爱情，有什么用呢？

有一年一个男人指着另一个男人跟我说，他以后会回国的，他以后会当总理的。然后我就看着那个会当总理的男人，一天天在我身边老去。直到有一天，他已经变得大腹便便了，他已经变得头发稀疏了，他已经变得唠唠叨叨了，我慢慢意识到，已经太晚了。

我还认识一个人，他26岁的时候才来美国，才开始学习英语，可是他学啊学，跟着电视学，请家教学，捧着书学，就是学不会。每次见到我，他总是特别兴奋地说："你听，我的英语有没有进步？"然后结结巴巴地说一句火星英语，我看着他，心想，已经太晚了。

我外婆，直到70岁的时候才住上楼房，之前一直挤在大杂院里。可是等她好不容易住上了楼房，她又不习惯上楼下楼爬楼梯，不习惯邻里之间不吵架的生活，于是她变得失魂落魄，于是她没事就往老房子那边跑。你知道，当好事来得太晚的时候，它就变成了坏事。

我想我就是现在遇上个心爱的男人又怎样呢？一个没有和我一同愚蠢过的男人，有什么意思呢，而我们就是从现在开始愚蠢，也已经太晚了。

[人与人之间的交往需要点边境]

上午，朋友C发微信问我十一出不出去玩，如果不出去，想过来找我玩几天。我抱歉地说十一出行安排半个月前就安排好了，下次有机会再陪她。然后我突然想起她之前告诉过我，十一父母要来她的城市看她，问她不需要陪父母吗？C发了个难过的表情给我，说她哥哥一家要回去，父母不能过来了，还希望她回去。节假日儿女都回家，我觉得这是个不错的安排，问C为什么要过来找我呢？记忆中C的父母是很疼爱子女的父母，我有些不解。

我消息刚发出去，C的电话就过来了，电话里，她无奈又委屈地说："我已经大半年没见到我爸妈了，我也想他们啊，可我现在工作一般般，男朋友也没着落，不想回去给他们添堵。"

我安慰C只要她回去，父母就会高兴，哪会介意这些呢！

C气愤地说："我爸妈当然不会这样了，但是他们住的是老小区，又住了几十年，前后左右都是认识的人，那些人我也不知道怎么回事，特别关心别人的私生活，去年我回去过年，一大堆人问我工资多少，年终奖拿了多少，男朋友找得怎么样了？我真不明白她们就没有自己的生活吗？天天操心别人家的事，都是一群脑子有病的人。"

C接着说："其实这些人在我眼里都算不上什么，可是她们老打听这些，我爸妈就会有压力，觉得抬不起头来，所以我就不太想回去。"

对于C的感受我非常理解，因为，这个世界上总有一群人是活在别人生活中的。

"某某，有男朋友了没？"如果得到否定的答案后，"啊？那可要抓紧了，女孩子青春就这几年，别要求太高了。"恶心你一顿，并且以"为了你好"的姿态，让你憋一肚子郁闷，还说不出什么，因为一旦你反抗，她会到处说你不知好歹，浪费她一片好心。

"你知道吗？某某和男朋友分手了，你说是她甩了对方还是对方把她给甩了？我估计是对方把她甩了吧，你觉得呢？"你的伤心事，在她眼里就是茶余饭后的谈资，并且添油加醋弄出很多个版本。

"某某，你结婚好像快三年了吧？怎么还不要个孩子呢？现在年轻还没感觉，等老了就知道了。"她所认为好的，必然也要你接受她的观点，倘若你的生活观念与她不同，那就是犯了滔天大罪。然后又脑补很多种可能性：三年了还不生孩子，是不是身体有毛病啊？然后把自己的猜测到处去求证一下。于是，你身体有毛病的消息不胫而走。

在这些人身上，你会看到这些特征：

1. 一般不会有太大的成就。因为每个人一天都只有24小时，一个热衷于他人生活的人，停留在自己身上的时间必然相应减少。

2. 身边很少有高质量的朋友，大多也是热衷此道之人。俗话说一个人处在什么样的圈子决定她会成为什么样的人，平时聚在一起也许看起来繁花似锦，一旦有事，所谓的朋友不落井下石算是人格高尚了。

3. 往往生活无聊、精神空虚。一个生活精彩、精神世界丰富的人并不会有太大的兴趣干涉别人的生活，只有生活无聊、精神空虚的人，才需要通过挖掘别人的生活来为自己乏味的生活找点乐子来平衡一下。

当然，有这样的人，我们可以选择无视，也可以选择避开，毕竟真正到处传播是非，以恶意中伤他人为己任的人，我相信数量并不多。可是越过"疆界"去干涉别人生活与选择的人却比比皆是。

我的生活中也不乏这样的场景,比如偶遇一熟人,对方热情地问你"现在在做什么啊?"这样的问题,不会让人感觉不舒服。然后再问你:"你老公是干什么的?"她看不出来你已经不太愿意回答了。继续问:"你老公收入怎么样,一年可以赚多少钱?"通常这时候我会借口赶时间而匆匆别过。

曾经,我身边也有一位特别喜欢"八卦"的朋友,公司里谁和谁恋爱了,谁要辞职了,谁对谁有意思,她都门儿清,简直媲美娱乐记者。一开始出于礼貌,我并没有说什么,只是偶尔笑一笑。终于有一天,我受不了了,对她说:"亲爱的,我们之间就不能聊些别的吗?你跟我说的都是别人的事,其实跟我们都没关系啊!"

她看出了我的反感,不好意思地解释道:"其实我也并不是这么八卦的人,但是亲爱的你可能不理解,八卦是人与人最快交心的途径。"

我告诉她,真正有质量的朋友绝不可能靠分享这些小道消息维持,而这么做除了把自己的格调降低,什么都得不到,也不可能带来所谓的好人缘,除了能够迅速结交一些低能量的人士来消耗自己,其他什么作用都没有。

但她并不认同我的话,觉得我所处的圈子也许适合我的生存法则,而她所处的圈子适合她现在的生存法则,为了不被孤立,她不得不这样做。

所谓道不同不相为谋,渐渐地我们自然而然地疏远了。大概半年后,她在qq给我留言:你说得没错,靠小道消息不可能交到真心朋友,我原本以为我在部门里人缘还不错,但这次晋升让我彻底看清了这一切,不支持我也就罢了,还在背地里中伤我,诬蔑我。

但还有一些人,她们并没有恶意,比如你和一位朋友相谈甚欢,突然过来另一个人,加入了你们的交谈,而你们只想和朋友聊些你们俩的话题,多了一个人,只好意犹未尽地打住,于是,这个人就成了不速之客;你想一个人安静地待一天，另一个人自告奋勇地要陪你；你已经习惯一个人锻炼，另一个人要和你搭伴，认为你也求之不得，可你却觉得不再那么畅快；甚至随意评价你的生活和选择。

这些人，最大的特征就是不懂疆界，不知道哪些行为会引起对方的不适，不懂得尊重别人的生活习惯、私人空间，更不知道哪些话自己没有立场去说，这样的行为多了，必定引起别人的反感，所以，千万不要成为这样的人。

所有让人觉得如沐春风的人，永远不会随便侵入别人的疆界，必定懂得保持该有的距离，不在别人的事情上随意指手画脚。

也有人觉得很冤枉："我是出于关心啊！"我相信有一部分人越界确实出于关心，比如父母或者死党，那确实是关心，而不是为了说三道四。但即便这样，也不可取，偶尔建议一两次，无可厚非，天天耳提面命那就过头了。

以自己认为"为对方好"的方式去对一个人好，那再简单容易不过了，但真正的关心需要以对方喜欢的方式来体现，那是很不容易的，因为要避免自己的干涉，克制自己的好奇，对抗内心的焦虑。以对方喜欢的方式去关心对方，会得到感激与信任，而以"我是为了你好"的方式去体现，必遭人嫌。

在过去，干涉别人的生活和选择司空见惯，干涉的人和被干涉的人都不会太在意，但在未来的社会里，自我意识逐渐被重视起来，必然更加提倡尊重别人的选择与私人空间。

所以，不懂"疆界"，必遭人嫌。

温柔以待世界，从温柔以待亲人开始

为什么我们伤害着所爱的人，却对讨厌的人装出笑脸？

——因为，我们只敢伤害肯原谅自己的人啊。

[1]

一个读者在公众号上留言，说她跟母亲已经到了水火不容的地步。

她说："我越来越无法跟自己的妈妈沟通了，世界观不同，价值观不同，我做的说的她永远有理由挑剔，总觉得她不像我妈，反而像是我命里的克星。每次跟她吵起来，我都会觉得特别委屈，总觉得为什么她是我妈，是怀胎十月生我的那个女人？"

我跟她有类似的经历。

十八岁时，我无数次咬牙切齿地在心里起誓：将来，我一定不要成为我妈那样的女人！

在旁人眼里，我是个温柔懂事的姑娘，从来没跟谁恶语相向过。可是，每次假期回家，一年也吵不了一次架的我，就开始跟我妈龃龉不断，几乎每天都要因意见不合而争执。

比如，我妈非要我吃早餐，哪怕我十一点起床，她也坚持要我先吃完早餐后再吃午餐；比如，我习惯晚睡，可我妈非过几分钟就来我卧室催我一遍，非要催到我熄灯睡觉为止；比如，我看书看得正专注，不想被打扰，我妈却非要隔一段时间就打断我，让我休息一下……

二十几年来，我和我妈为这些小问题，起码争吵过无数次。我反击她的方式，往往是尖锐的语言："你能不能不要总是干涉我？""别烦了好不好！""用不着你管我！"……

有一次争执，我对我妈说："我们之间有代沟，谈不到一块去！"我知道我妈伤心了，可我懒得理会。在我眼里，她就是个玻璃心，我随便说两句态度不好的话，她都会悲春伤秋起来。

第二天，我看到她的QQ签名改成了两个字：代沟。

我一方面觉得她幼稚好笑，一方面又忍不住深深内疚起来。

不知道为什么，我在讨厌的人面前，那么擅于逢场作戏，被暗算后却强颜欢笑说"没关系"，被激怒后却忍着怒意说"对不起"；但在最亲近的人面前，我又那么擅于口出恶言，把话语变作锋刃，准确地刺痛他们。

[2]

语言的发明，本是为了促进沟通，而我们却拿它来彼此伤害。

三言两语，又能伤到谁的心呢？

你讨厌的人，全副武装，根本不会因你的话而伤心难过；只有你爱的人，对你裸露着赤诚真心，才会轻易被你话中的刺扎得痛彻心扉。

我有一个闺蜜，说话直，一跟男朋友吵架就口不择言。她男朋友一直忍让包容，直到最后一次吵架，男生忍无可忍，两人分手。

后来，男生给她写了封很长的邮件，附件里是他们所有美好记忆的照片。邮件里，男友感激她曾经的好，也把她说过的伤人的话都写了出来。他说，这些话，让他被深深伤到。

我闺蜜惊愕不已，她甚至忘了自己曾说过那么多刻薄的话！没想到，它们像刺一样，一根一根扎进了对方的心中，难以忘怀。

我们以为，吵完了过段时间，和好如初了，那些锋利的言语，就烟消云散了。其实，那一根根尖锐的刺，即使拔出来了，伤痕却一直都在。下一次争吵时，新伤加上旧疾，痛上加痛。

［3］

吵架，会让一个人丧失理智。有时候，我们心里明明知道是自己错了，却还是拼命为自己找理由，嘴硬得和对方争论到底。

有一个姑娘告诉我，她和男友在一起三年，男友送给她整整37份礼物，从棉拖鞋暖宝宝到项链手机。但每次吵架她都会说："你没有送过玫瑰花，在一起三年也只看过一场电影，我觉得很憋屈！"连她自己都觉得，她实在是身在福中不知福。

争吵时，我们竭尽所能扎伤彼此，急于用言语"赢"对方，却不知已经输了感情。

有一次，那位姑娘看了她男友朋友圈的私密照片，里面有一些和她吵架时的感慨。具体内容她已经记不清，但她很难想象，究竟多大的委屈、多深的伤害，才能让一个男人被她气到哭？

后来，她"不作了"，开始学着理解和包容。

能有这样的转变，我真为她感到高兴。

[4]

其实，我们对所爱之人的伤害，是七伤拳，伤人，也伤己。

一个读者跟我说，他前不久因为一些琐事，说了一些让父亲很伤心的话。

父亲抱着调侃的意思和他聊天，两人却因为节俭的观念争执起来。他劝父亲，干吗那么节俭，该花就花。父亲开始讲道理，这些话他早已听烦，于是随口说了一句："看你节俭了一辈子，又弄出了什么？"

听到这句话，父亲又愤怒又失望，说了几句后就挂掉了电话。他这才后悔莫及。

他说："父母为了我，吃了多少苦，我都记在心里。我只是不希望他们再那么节俭，多享受一下。毕竟我已经参加工作了，也可以减轻一点负担。"

你看，我们明明是好意，为什么说出口时，却成了恶声恶气？恶劣的态度，尖锐的言辞，不屑的表情……我们无意间刺向所爱之人的匕首，最终却狠狠插进了我们自己的心脏。对方有多难过，我们就有多内疚。

[5]

我闺蜜和妈妈的感情亲如姐妹，我曾向她取经：你跟你妈妈是怎么做到如此合拍的？

我闺蜜说：其实，我和我妈有很多不合的地方。生活在同一屋檐下，怎么可能没有摩擦？你觉得有些人跟你三观太一致了，毫无矛盾，百分百契合，那是因为你们相处得不够久，因为你没跟他长期生活过。

闺蜜还告诉我她的诀窍：如果是小事情，就顺着她，毕竟妈妈年纪大了，有一些小事跟甜咸豆花哪个好吃似的，不必计较。况且，你妈妈劝你早睡早起吃早餐，更是为了你的身体好。如果真是重要的事情，我就先不急着争辩，我一般会过三天以后再想这个问题。隔了三天还值得一提的问题，才是真正的分歧。那时候，彼此都心平气和了，正好可以坐下来谈谈。人无完人，妈妈有自己的局限，但她生我养我，已经给了我她认为最好的东西，我不能够再要求更多。

我太佩服她的情商：发泄情绪是本能，控制情绪才是本事。

我们习惯性地在亲近的人身上宣泄情绪，这是病，得治！

[6]

一个读者留言说，昨天妈妈过生日，她给妈妈发短信说爱她。每次一谈到感情都忍不住流泪，她平时经常和妈妈吵架，但她其实是深深爱着妈妈的。

妈妈回复她短信，说让她原谅妈妈不懂疼爱她。

看到这条短信，她的眼泪瞬间就流了下来。她说："这世上，再也没有妈妈那样，全心全意对我好的人了。"

看到她这番话，我心里好难过好难过。我和妈妈，又何尝不是这样？

为什么，我们明明彼此相爱，却总在相互伤害？

为什么，我们对所爱之人面目狰狞，却对讨厌的人装出笑脸？

我想，是因为——伤害爱我们的人，代价最小。

我们仗着对方爱我们、在意我们，会原谅我们，才敢轻易地伤透对方的心——这是恃爱行凶啊。

我们想用柔软的心对待全世界，为什么不先用温柔的话招待亲近的人呢？

下次恃爱行凶之前，请三思——因为只有深爱我们的人，才会被深深伤害呀。

[独处的你是否成为更好的你]

从害怕到习惯,感觉孤独的恐惧,然后开始想办法拯救这种颓废,接下来是享受这种一个人的状态。这里的每个步骤,缺一不可,你也无法躲避,无法跳过,只能学会一一接受,继而一一改善。

因为最近项目很多,加班的时间从之前的正常十点下班到了现在的夜里两三点,的士司机到公司楼下的时候,我总是会用手机把车牌号拍下来,但是也不知道发给谁。不能告诉父母我这个点才下班,会让他们担心,夜里这个点朋友们都睡了,于是照片就存在手机里当作一个安慰。

有一天夜里隔壁那一堆男人不知道是喝醉酒了还是怎样,一直不停砰砰砰地拍着门,我知道那是他们在敲自己的门,可是一墙之隔的我躺在床上那一刻,我觉得那就是在敲我家的门,掺杂着吵闹声,震天动地,令我惶恐不安。

周末想着给自己做一顿好吃的,打开冰箱却发现什么都没有,饥肠辘辘实在是没力气再走到很远的超市或菜市场,于是叫外卖。一般两个菜的价钱才达到起送的条件,于是只能吃完一个菜,留一个菜到晚上吃,又或者是打包明天带到公司当午饭。

以上这一段,是我的闺蜜W姑娘的日常,去年研究生毕业,这是她一个人在上海的第一年。

她告诉我,尽管我说得太黑暗了,可是说句真心话,我知道一个人磨炼自己是有好处的,可是我真的孤独,我从来不觉得自己可怜,或者是抱怨生活，我真的只是孤独而已。

下面是另一个人的日子。

我买了一张大大的床，放一堆喜欢的书在床头，衣柜里的衣服错落有致，不想洗的衣服就先堆到一边，客厅里铺了一层榻榻米，高兴了就抱着被子到客厅睡，上网看电视还能吃零食，沙发上放满了各种外出时带回来的手信，还有节假日别人送的礼物，嗯，所有的地盘都是我的。

一个人看电视剧，一个人听歌，一个人煮三四个菜，爱做什么就买什么菜，然后拍照分享朋友圈，想想就很是霸气。

这一段，是我的闺蜜L小姐的日常，这是她一个人在广州的第三年。

我接着说。

我住在郊区的一个小区，虽然上班有点远，但是好在小区环境很好也很安全，房东也很友好，家里有什么电器坏了，我去找工人修补好，然后告知房东，她下个月就会在房租里少收我一些钱。

刚开始的时候很糟糕，不会做饭，平时下班的时候也不想回家，到处找同事出去吃饭，周末的时候能找朋友出去玩就出去，这样吃饭的问题就解决了。

可是毕竟每个人的生活不一样，遇上没有人陪同吃饭的日子，就在公司楼下随便将就吃一点。周末更不用说了，叫外卖，饭菜不好吃，我将就着吃几口就没胃口了。

如果我跟别人说我很喜欢星期一去上班，估计会被人打死的，可是真是这样的。

家里饮水机没水了，我一定要拖到周末白天的时候才打送水电话。送水工上来的时候，我要把电脑的电视剧开得很大声，然后穿上一身很丑的运动服，蓬头垢面地开门，尽量准备零钱，不给更多交流的时间。

这一段，是我的同事Y小姐的日常，这是她一个人在深圳的第五年。

忘了说了，这一段应该是Y小姐在深圳前三年的日子，去年的Y小姐，已经开始每天夜里回家熬上一把小米粥，放凉了打包第二天带到公司，下午快下班的时候就当做晚饭吃。

她开始买一些半熟的菜回家用锅热一下，她还买了一个汤锅，周末的时候扔一根骨头几节莲藕或者玉米进去就好，前段时间煮蛋器也到了，她说可以给自己熬粥配鸡蛋，终于有一顿像样的早餐了，即使是煮泡面，她也开始学会加一把青菜或者是切一根黄瓜了。

她开始上淘宝买一些漂亮的桌布，给床头的柜子铺了一张蕾丝的白纱，周末的时候买上一束百合，插在花瓶里用水养着，不出意外的话，这一束花可以保持新鲜差不多两个星期。

于是到周一来上班的时候，她会告诉我说今天不用喷香水了，家里一屋子的花香。

她说这段话的时候，脸上的笑是很美的。

我要说的三个单身姑娘的日常，已经说完了。

从第一年，到第三年，然后是第五年，她们就是最靠近我生活跟日常沟通的同伴，也是很多在北上广漂泊的男男女女的同类，我也曾经是这当中的一分子。

曾经有段时间加班很累的时候，我心里的奢望就是，要是这个时候给我一个休息的下午就好了，然后我可以躺在舒服的床上，任凭外面的天气是烈日炎炎还是刮风下雨，我喝着茶听着音乐，感觉天塌下来也不会害怕。

然后当我真的有这么一段属于自己的日子的时候，我开始明白，一开始是自由欢喜，然后觉得有点孤单，接着是怀疑自己是不是不会说话了，因为我经常一个人发呆，打开冰箱门有时候愣很久，好长一段时间感觉冷气逼来才回过神。

总的来说，我是享受这样的生活的，但是这句话在去年时，我还不敢说出来。

这是我到深圳的第四年，比起以前想办法找各种同学跟同事聚会，我现在更喜欢自己在家里，没有计划就这么荒废着，高兴的时候做一顿大餐，冲动的时候烤一些蛋糕，我还把各种豆子掺杂在一起，看看打出来的豆浆是什么颜色的。

一个人住很可怕，一个人住也很舒心。

当然这一切的前提是，你要明白，从害怕到习惯，感觉孤独的恐惧，然后开始想办法拯救这种颓废，接下来是享受这种一个人的状态。这里的每个步骤，缺一不可，你也无法躲避，无法跳过，只能学会一一接受，继而一一改善。

所以对于一个人的日子，我的建议是，千万不要让自己饿着，那样会徒生很多自我可怜的情绪。其次才是摆脱颓废，避免更多的坏习惯产生。第三个阶层，才是把日子过得好起来。

这两年的时间里，我陆续送走了一些离开深圳回家乡的朋友。我会去以前喜欢去的地方吃一顿美食，看一场电影，吃一份甜点，然后帮忙收拾行李，目送他们离开这个让人又爱又恨的大城市。

离别的时候也是伤感，他们总会告诉我，我不是不爱这里，我已经尽力了，我没办法再有勇气一个人坚持下去了，我很累。

有人把这一切归咎于没有找到另一半，还没有组建家庭，但是我身边也有已经升级为人妻人夫还有成为爸爸妈妈的朋友，他们并不是没有烦恼，而是有了家长里短之后不再有时间跟空间喘息，可以让他们可以静下来思考一下自己是否孤独这件事情。

所以我总告诉我的这些单身朋友，千万不要奢望通过找到另一半组建家庭来解决这种孤独感，甚至有时候我觉得这份单身生活是一份礼物，它教会我们享受到了自由的时候也得承受孤独，它更教会了我们如何去缓解这种孤独并学会享受它。

我们生来都是一条鱼，这个世界是一张很大很大的网，我们在这张或是工作或是生活的网里穿梭来去，以为会有很多同类在陪伴自己。

其实很多时候我们都是独自存在于这海洋中，朋友会来也会走，那个走近你生命的爱人不一定时时刻刻陪伴在你身边，而且随着时间推移，这种互相偎依也会在感情慢慢退化成亲情的时候重回陌生，这个时候你还是孤独一人。如果这个时候你才发现自己是一条孤独的鱼儿，那会是一件很恐怖的事情。

与其后知后觉，不如就接受当下这份乐得自在的，属于你一个人的日子。我们谁也不敢保证，将来你会恨极了这段回忆，还是会怀念这段回忆，所以千万不要拿当前的这份心情，定义你对一人食日子的感受。

对了，Y姑娘已经找到另一半了，她以前很是期盼有个人陪她一起生活，煲汤做饭，可是当这个人到来的时候，这些手艺她自己早就学会了。

Y姑娘问，我现在一个人也可以过得很好了，在我最需要的时候他不出现，如果是这样，那我跟他在一起的意义是什么呢？我为什么要跟他结婚呢？

我回答说，我们这样倔强的姑娘，如果真要让我们决心嫁一人，那一定是我们修炼到这个境界了，那就是我不是没你不行，只是有你更好，仅此而已。

生活的神奇之处，不在于遇见了多少看对眼的人，而是有可能会遇见很多教会自己一些事的人，于是你开始学会反思。自己才是命运的主宰者，你独立而不依附于别人，但是你也有资格去依靠那些值得依靠的人。

那些在大城市漂着的人，那些一人独居的男男女女们，这些年你过得好不好，岁月有没有改变你的模样，以及你的灵魂？

人生也许不可控，
但你要勇敢和坚强

村上春树有一篇随笔叫《中年的噩梦》，文中写的是斯蒂芬·狄克逊在《君子》杂志上发表的一个故事，故事讲的是一个四十二岁单身作家和二十一岁女大学生相恋，最后以女大学生以年龄为由引发的刻薄尖锐的抛弃收尾，文字和情绪都表达得很节制，但斯蒂芬·狄克逊的故事的题目却深深留在我的脑海里：哎，以你的年纪来说……

"哎，以你的年纪来说"，真是一句言有尽意无穷的话。一种对于你的年纪的不认可与嫌弃，一种年龄本身驾驭人的忧伤与无可奈何，无须过多地描述，在你的一叹一叹中就无处躲藏。事实上，没在自己的年纪里做过几个噩梦的人，真的不足以谈人生，不过是有人一直纠结于此，徘徊不前；而有人却梦醒了，一往无前，仅此而已。

我之所以想起这篇文章，是因为就在今天，我的中学同学在朋友圈里发了一条微信：这是1987年出生的人最后的二十来岁。今天写总结的时候，发现再过两个月，介绍自己的年龄，就是3字打头了，好像也不怎么害怕。毕竟这些年，我完成了清单上的许多梦想，也为许多没有完成的梦想不懈努力。

我本来想写一大堆的鸡汤，比如"面对岁月这把杀猪刀，愿你勇敢、坚强、善良"之类，后来想了想，只回了她一句：不害怕，就是时间最好的礼物。

我刚迈进20岁的时候很慌张，那个时候流行一个词语叫"奔三"，好像跑到哪里都恨不得宣布自己已经"2"字打头了，不是想说明自己有了什么能力，倒更是充满了一种刻意逃避的味道。那些年，我在自己的生日宴会上总说一句话"我老了，奔三的路上又近了一步"，于是，许多人都笑，推杯之间，也什么都不说。

一直到我毕业的那年的生日，我与父亲走出酒店，我们没有坐车，一路走。父亲说："今天我终于有机会说说我的心里话了。这些年，你总是说自己老了，无心也好，有意也罢，我们都当你是小孩子的无稽之谈。但从今往后，你走入社会，就要咽下这句话，烂在心里。你在每个年纪里，做好你自己的事情，就是你的年纪里最好的纪念，有什么好恐慌的。"父亲说这话的时候，走得很慢，他从来不那么严厉，话也是一句一句吐出来的。但他有他身为一个男人和一个长者的不怒自威，我自然感受得到。

我的父亲是一个很平和的人，他对于世事有他的敏锐，对于生活也有他的淡然。他五十岁之前，都在一个国有企业担任小领导，我们家虽然过得不算富裕，但也基本衣食无忧。然后在五十岁迎来国有企业改革的浪潮，他和所有的员工一起下岗了。五十岁下岗，其实，对于父亲是一个巨大的打击，离退休还有长长的十年，不仅仅是身份上的落差，更是一种实实在在被时代遗弃小有无奈的感觉。可父亲好像并没有太大的情绪，他每天总是笑眯眯的，用他的话说"兵来将挡水来土掩"。很快，他在一个私营企业找到了财务总监，为了让我和姐姐两个人过上不错的日子，他还主动去看招聘信息，应聘财务顾问，利用业余时间兼职。后来我问父亲：应聘的时候，会不会觉得尴尬，因为你一定是年纪最大的那一个，资历虽老，学历却不算高。父亲说：是啊，年纪基本是遥遥领先，老板的年纪都不如我大。可有什么好害怕的，最坏的结果，不过是没有应聘上而已。

其实，生活本没有那么多恐慌的。所有人的恐慌，从来不是社会带给你的恐慌，而是你自己把自己从内心一直侵蚀到外表的慌乱不堪。比如，你对于当下年纪的恐慌，并不会因为你的恐慌而消失，但如果你拥有面对年龄的勇气，它自然而然自惭形秽。所谓从容不迫，大约就是可以在当下的每一天，不断放大自己内心的小宇宙，海纳百川，连时间都可以不管不顾，视若无物。

说一件最普通的小事。大约上个月，我回我母亲家。看到一个邻居老太心情特别好，一个人坐在胡同里，捧着一个相框，戴着老花镜一直端详着。她一脸皱纹笑得满足的样子至今仍清晰地印在我的脑海里。原以为是什么珍贵的油画，让老太爱不释手。当我走近一看，着实把我吓了一跳。这分明就是她放大的照片，是在她生后才用的。照片里的她和眼前的她互相微笑着，对视着，当时，我的心里特别悲凉，我都可以想象出这幅照片挂在墙上之后，早已人去楼空的凄凉。我礼节性地和她打了声招呼，然后从她的背后匆匆走开了。科室，她一把拉住我的手说：这照片里的我是不是挺精神的？有没有觉得比我本人还好看。我的手有点发抖，我知道自己的慌张已经传递到了她的掌心，她问：你怎么一直在抖啊！我说，这个，你总捧着，会不会觉得异样？不料，她轻轻舒展的眉心，露出了淡淡的笑容：活到我这个年纪，其实又有什么好害怕的，死亡是迟早的事。你们年轻人也是，那么长长的岁月可以过，有什么好害怕的！我看到她眯了眯眼，然后把照片放到了一边，开响了身边的收音机，收音机里唱的是我们家乡的戏曲，她找不着调，却高兴地哼了起来。

《生活大爆炸》里有一句经典台词是：从今天起，我要积极接受一切，接受爱，接受挑战，拥抱生活，不管什么事，我都会勇敢地去接受。

过了这一年，我也三十岁了，除了和所有人一样，都老了一岁，还站上了而立之年。我的许多愿望还没有实现，也不知道能不能实现，就这样，一不小心走入了下一个十年。不过那又怎样呢？在社会上摸爬滚打许多年之后，就开始懂得，当下的自己，倘若身体康健，家人健在，生活温饱，三五知己就值得欢欣鼓舞，有其一，或其二，也很好，要是什么都没有，那么就永远拉住自己的手就好。

　　随着年岁增长，一切都会变，一切也或许不可控，而只要自己勇敢地活着，一切都是最好的现在。你与生活最舒服的方式，从来不是对抗，也从来不是分出伯仲，不是谁吓唬了谁，谁又害怕了谁，而是能够在漫长的岁月里，不恐慌，又怡然自得。然后呢，以你的年纪，以我的年纪，与岁月彼此和解，我接受它的流逝，它接受我的样子。

爱生活爱自己
不管你多大

生活需要指点，
而不是指指点点。
远离那些经常对别人泼冷水，
随意指手画脚的人。

有能力地活出你的风采

[气质让你美丽，气场让你有影响力]

我进入职场的第二个上司是位女性，她有很多和之前的男上司不同之处，比如：她非常女性化，态度并不强势，却依旧充满权威感。

每天看到我的女BOSS是件特别赏心悦目的事，她把一头大波浪打理得整齐汹涌，在咨询行业这个男人居多的领域独树一帜。衣品很棒，所有服装，无论西服、长裤还是裙装都有曲线，不是把女人装进男性化的服饰里强调高管的权威，而是女性地坚持，有女人味，但绝不卖弄性感，手表、包、项链等配饰没有闪瞎人眼，却充满质感。

她午休时间走出办公室和大家聊天，却能在休息时间结束时收回娱乐话题，恰到好处地把主题从指甲油移回PPT。

她很快成为全体女员工的偶像，包括我。

当时，我毕业一年左右，虽然总体表现不错，却依旧是个"小人物"。我很想知道怎样才能像她一样逐渐长"大"，我能感觉到她于公于私对我的善意和满意。于是，在一个临近下班相对轻松的傍晚，我对她说起我的困惑。

她思考了几秒钟，拿起白板笔，走到她办公室的白板旁边，说：

筱懿，我刚工作时有和你同样的困惑，后来我逐渐发现，从"小"人物成长为"大"人物，你需要的是既有女人的"气质"，更有女人的"气场"，而现在，你只有"气质"，没有"气场"。

我很困惑，确实有人夸过我气质不错，斯文有礼，但"气场"是什么样子？

我的女BOSS接着说：

你的气质不错，但是今天，我教你修炼女人的气场。

然后，她笑了一下：

接下来我的话未必好听，但我希望对你有用。

第一，在你的领域做到尽可能的牛，别人会尊重"高手"，但不会高看"常人"，主动掌握自己的工作和生活，能不被他人左右，才能影响别人。

很多女人把职业当成敷衍而不是责任，我说的职业不仅在职场上班，同样包括在家做全职太太。能把全职太太做好，能照顾好全家老小的衣食住行吃喝拉撒，理财、社交都在行，谁也不敢轻视这样的女人。

能力没有到达高水准，就要不要求别人的态度达到高水准。

第二，对说过的话负责，说过的话不是泼出去的水，这是你的信用。

女人特别容易在信用上迷糊，觉得一点小事爽约又怎样？可是，人为什么要有信用卡呢？不就是信任感的点滴积累吗？对自己的承诺都不守信，小事都做不到，让人怎么放心交给你"大"事？永远做细枝末节，永远成不了"大"人物，当然，假如能把小事做到极致，你就是匠人。

第三，举手投足像一个重要的女人，买力所能及范围里最好的物品，还要学会照镜子。

她停下来微笑看着我。

对于最后一点，我心里100个不服：我还不会照镜子？我就没见过几个比我还爱照镜子的女孩，凡是能反光的东西，无论是块玻璃还是张塑料纸，我都要瞄几眼，看看自己光辉灿烂的形象。

她显然看出了我的不服，悠然地补充：

女人照镜子不仅为了让自己更美,看到自己最好看的样子,同样需要了解自己什么时候最丑,哪些表情、动作最难看,记住那些根本不能出现的举止。

明白优点能把好处发扬光大,可是,了解缺点才能保证不会作死啊,你有时候会作死,懂吗,自作死,就活该丑,哈哈哈。

好的外貌、仪态和状态,会为你的气场加分。

我的女BOSS美丽娇艳的外表下架了一座小钢炮,对准我的弱点tututu,再给出一记摸头杀,抚平我内心的创伤。

很多年之后,我看完《欢乐颂》,给曾经的女老板打电话,笑说当年我和她之间,就像安迪和关雎尔,至少隔了5个樊胜美。

但是,至少,我知道了自己从气质到气场努力的方向。

[气场和气质一样,是独属你的标签]

9月21日,Facebook首席执行官扎克伯格和妻子普莉希拉·陈在网上预告,将推出一则"大新闻",所有人都以为扎克伯格要启动新项目。可是,9月22日,站上讲台的却是普莉希拉,她代表夫妻俩宣布他们将在未来10年投入30亿美元资助科学家攻克世界上最主要的疾病,期望下一代人少受疾病折磨。

这个说不上漂亮的女人嫁给扎克伯格时,很多人质疑,年轻的富豪为什么要娶她?

被她的气质和气场打动之后,几乎所有人都觉得,这是一对太般配的夫妻。

普莉希拉从中学开始就是优秀学生代表,大学进入哈佛学习生物专业。Facebook爆红时,扎克伯格从哈佛退学,专心地做事业,普莉希拉一直在背后支持,而此时的扎克伯格已经赚到人生第一桶金,完全可以让她衣食无忧,但她并没有停下自己往前走的脚步。

2012年Facebook在纳斯达克上市成功，第二天扎克伯格FB主页的婚姻状态也从单身改成了已婚，白手起家、全球最年轻的亿万富豪，婚礼就在自家后院，出席宾客不到100人，而这之前普莉希拉还在北京协和医院默默无闻地做了几个月小实习生，连去上海看望来旅游的男友都想方设法地请假。

Facebook上有一项器官捐赠功能，这项功能上线后的24小时内，就有3900人在网站上登记成为器官捐献者，这个功能就是普莉希拉和扎克伯格在当晚晚餐聊天时决定的。

2015年12月1日，为庆祝女儿出生，这对夫妇承诺捐赠持有的99%公司股份做慈善，价值约450亿美元。

单纯从外形上看，普莉希拉一定算不上美人，但是，她具有独特的打动力和感染力，她对教育和医学的热爱深深影响扎克伯格，甚至很多陌生人。

生活中或许有不少需要我们"硬、冷、倔"的时刻，但始终保持温暖，是一种能力和能量，也是普莉希拉气场的来源。

扎克伯格非常自豪地表达对她的爱：

外表的美会随着年龄贬值的，而内在的美是会随着岁月增值的。女性的容颜是她心灵的写照，她的笑容永远是清丽温和的。自从怀孕之后，她也完全没有在意自己的容貌因为怀孕而产生的变化，依然是朴素的穿着，不施粉黛，可是她的幸福我完全感受得到，也可以被所有人看见。我爱她的上善若水与真实质朴。我爱她的表情：强烈而又和善、勇猛而又充满爱，有领导力而又能支持他人。

我爱她的全部，我和她在一起，感觉很舒适很自在很放松。

漂亮的女人未必有气质，更未必有气场。

但有气质并且有气场的女人，一定不会难看。

[气质是倚天剑，气场是屠龙刀]

"气场强大"是一句常用语，可是，气场难道只有"强大"一种类型吗？

普莉希拉的温暖，杨绛的智慧，摩西奶奶的通透，特蕾莎修女的坚定，林徽因的灵动，奥黛丽·赫本的美丽，张爱玲的才华，都是一种独特的气场。

假如气质是女人的倚天剑，展示你独特的光彩和锋芒，气场就是女人的屠龙刀，好像《倚天屠龙记》里的传说"武林至尊，宝刀屠龙，号令天下，莫敢不从"，它打动和影响环境的力度不亚于"屠龙刀"，却丝毫不野蛮和粗鲁，它用润物无声的方式传递你的思想、状态和观点，为你打开新的局面。

愿我们既活出自己的特点和风采，又拥有掌握生活、职业和情感的能力。

成为既有气质又有气场的女人。

懂得尊重他人的隐私

[1]

很多人都有这样的经历。

在宿舍的时候，钱包、手机摆上一个星期也不会丢，但洗发水、洗面奶总是莫名其妙地减少，哪怕自己已经很久没有使用。

在公司同样如此，放在桌上的贵重物品总是无人问津，但笔筒里的笔，只需一个转身便会不翼而飞。

原因很简单，对于贵重物品，大家都有私人财产的概念。

但在一些生活小物件上，立马就失去了这样的意识，特别是在一些和谐融洽的集体环境里，比如公司同办公室的伙伴，大学同寝室的同学，因为关系比较熟悉，所以就变得非常随意。

这是很多人常犯的错误，同时也为生活带来许多不必要的摩擦。

[2]

前两天，闹闹给我打电话，语气甚为不悦。

原来，昨天她刚收完快递，还没来得及打开，便被人一个电话拉出去玩了，包裹直接放在了桌子上。

等晚上回到寝室，闹闹发现桌上的包裹是打开的。她一询问，室友便坦然地承认了。对此她非常生气，但室友认为她大惊小怪，因为在她看来，这根本不是什么重要隐私的东西，看一下也没什么关系。

而最令闹闹感到难过的是，另外两位室友虽然表面上是两不相帮，一个劲地劝说大家都是同寝姐妹，一点小事而已，犯不着伤了和气。

但从她们看向自己那不可思议的神情，无不写着四个字。

小题大做。

闹闹委屈地说，我最讨厌别人未经容许，就随便动我的东西。在家里，我爸妈都不会这样，凭什么她们就觉得可以。

我说你没有错，每个人都是独立的个体，在未获得容许之前，不随便动用他人的私人物品，这是做人最基本的道理，也是成年人最基本的素养。

[3]

很多时候，对于随意翻动别人东西这件事情，很多人只单纯地考虑一个问题：彼此之间的关系。

似乎在他们看来，只要关系足够好，就意味着可以完全无界限地干扰别人的生活。

倒不是说他们真就完全不懂得尊重别人，而是他们很容易受到感情的影响，从潜意识里模糊了独立个体的真正意义。我们关系好，所以对于一些小事情，可以完全不讲究，哪怕涉及私有物品这一原则问题。

甚至还存在这样一种思维，我之所以会未经容许便随便动用你的东西，就是因为我把你当成好朋友。

从人情的角度上来看，似乎也说得过去。但从本质上来讲，这种逻辑是错误甚至是颠倒的。当然，如果彼此在这个问题上的看法一致，那也无可厚非。

但问题是，这种界限根本不好把持，怎样才算是无关重要的东西，在翻动对方东西的时候，谁就能保证不会有触碰对方真正隐私的时候？

所以，对彼此关系来说，这也算是一种情感隐患。

[4]

曾经有读者给我讲过这样一件事。

她们寝室一直都是无所顾忌，室友关系很好，拿什么东西从来不需要打招呼，直接满寝室翻找。

可问题也出在这里，有次她在一室友抽屉里翻东西的时候，却无意发现了避孕药。等室友反应过来的时候已经迟了。

室友一直是单身，这种东西的出现必然有些不合时宜。但当时室友没有主动说，她也没好意思问。

两人后来也一直没有再提起这件事情，但正是这种心照不宣的默契，才让彼此更加尴尬。

最后两人的关系渐渐疏远。

她说，我压根就不想知道她的隐私，也无暇评价她的私生活。如果可以，我宁可从来就没有翻过她的抽屉。

其实，造成这一后果的根本原因，就是彼此之间平时过于随便，缺乏最基本的私人意识。

[5]

而懂得尊重他人的隐私，私人意识比较强的人，通常来说责任意识也比较好。

由于工作关系，U盘是我们公司每个员工必不可少的办公物品。

但U盘体积小，使用频率又高，所以对于那些丢三落四的人来说，经常会出现满办公室寻找U盘的情况。

有个同事就是这样，用完就乱扔，而一旦出现紧急情况，他顺手就拿别人的U盘，而且也不会提前打招呼。

有些人发现后就会说他几句，他就觉得对方小题大做，故意为难他。

因为在他看来，大家都是同一办公室的同事，这么熟悉，根本没必要在意这些细节。

对于此类思维，我不得不再说一遍：未经容许，不乱动他人的东西，这是做人最基本的素养。

私有物品就是私有物品，随意动用人家的私有物品就是不对，就是没有素养的表现。

这是原则。

而原则最大的特性，就是它不会因为你们关系的好坏，而出现标准的升降。

而且还可以这么说，如果你觉得你们关系好，那你非但不能随便翻动对方的东西，甚至应该相比于他人，更加懂得尊重与维护对方的权益。

别人不在的时候，能不动用人家的东西，尽量不要动用。如果实在无法避免，那就提前打声招呼，对于通信业发达的现在，相当简单，但却很有必要。

否则，你不但可能因此损害到彼此的友谊，更是给自己打上了没有素养的标签。

群体社会中，尊重人与人之间的界限，清楚私人化这一原则概念。这是素养，更是衡量一个人是否成熟的重要标志。

关系好，绝对不代表你可以乱动别人的东西。

生活在今天，就不要去操心明天了

有的人喜欢提前谋划，甚至过了头，整天为未知的事情惴惴不安，影响今天的心情，让生活和工作生出很多烦恼忧愁。怀着忧虑度过每一天，设想自己可能遇到的麻烦，只会徒增烦恼。明天的烦恼，你又怎能提前解决？更重要的是，想象出来的烦恼，与真正出现的，不知有多少出入。不预支明天的烦恼，不想着早一步解决明天的烦恼，定能使自己过得倍加轻松。

在生活中，我们常会不自觉地给自己戴上望远镜，盯着时隐时现的地方，制定长期发展的宏伟目标。我们常常看到很远的地方，却看不到眼前的景色；我们拼命地追赶，但在望远镜里看到的永远是下一个目标。我们感到沮丧，感到理想离自己越来越远，感叹人生非常艰难。当有一天有所感悟，摘下强加给自己的望远镜，才发现每一个被自己忽视过的地方都阳光明媚、鸟语花香。

有一名医学院的毕业生在快毕业时却吃不好，睡不好，整天愁容满面。许多问题在他头脑中盘旋：毕业考试如何才能通过？毕业后要到哪里去找工作？如果找不到工作怎么办？我要如何才能维持生活？……一个又一个的问题缠绕着他的身心，使他整天忧心忡忡。

有一天，他在书上读到这样一句话：不要去看远处模糊的东西，而要动手做眼前清楚的事情。这句话如黑暗中的一抹亮光，让他醒悟。于是他不再把眼光盯在那些虚无缥缈的东西上，而是脚踏实地地开始了创业。最终，他成了英国著名的医学家，举世闻名的约翰·霍普金斯医学院就是他创建的。

越担忧，明天的烦恼就会在你的心中堆积越多，保持一份坚强，即便明天有任何困难出现，也可坦然地去面对，去解决。这，远比虚无地担心重要得多。

在美国，有一个年轻人，从小他的生活就过得十分艰辛。他卖过报纸，做过杂货店伙计，还当过图书馆管理员。等他长大后，他下定决心，一定要用双手开创出一片自己的事业来。几年过后，他有了几万美元的存款。就在他雄心勃勃准备大干一场时，那家他存钱的银行倒闭破产了，他几万美元的存款也化为乌有，并且还欠了数万美元的债。万念俱灰的他，得了一种怪病，全身溃烂，医生说他最多只能活3个星期。听到这个消息，他更加绝望，于是他写了封遗嘱，准备一死了之。

不过此时，他突然看到一句话：生命就在你的生活里，就在今天的每时每刻中。这让他幡然悔悟。于是他不再忧虑和恐惧，而是安心休养。他能做的最大努力，也就这么多了。奇迹出现了，他的身体逐渐康复起来，而他，最终也没有如医生预言的那样死去。几年后，他成了一家大公司的董事长，开始雄霸纽约股票市场。他，就是大名鼎鼎的爱德华·伊文斯。

生命只在今天，不要猜测明天将会发生什么，那是在预支明天的烦恼。保持一份坚强，即便明天有任何困难出现，也可坦然地去面对，去解决。车到山前必有路，船到桥头必然直，不要为明天的事而担心。努力做好现在，善待今天的自己，明天终会变美好。

平凡生活也是一种大的馈赠

[1]

有一年,我一个兄弟刑满释放了。我和他在路边的烧烤摊喝啤酒。他说,你不知道坐牢有多痛苦,我宁愿在外做最苦最累的活儿,也不愿再进去了。

我敬他一杯酒,祝他重获自由,愿他从此光明磊落,善待生活。

但几年过去了,他并没有变好。他没有一份正当的工作,游荡在大街小巷,开着面包车去赌博,拿着刀寻衅滋事。他的眼睛里是暴戾,是不安。我说,离你之前的想法越来越远了,离你厌恶的监狱越来越近了。他说,没办法,做不了其他事,只能吃这口饭。

做不了其他事,其实是不愿面对平凡的劳动和生活,在利益和享乐的驱使下,又铤而走险,重蹈覆辙。可是兄弟,你忘记了曾经的伤痛,忘了你刚自由时发自肺腑的感慨。

不出所料,他又一次被公安机关抓获,父母和女友哭红了眼,操碎了心。他总想着有钱就是幸福,可是却忽略了身边最真实的爱和关怀。

[2]

每个人的命运都掌握在自己手里,而这是你的道路。

人没有十全十美的生活，生活好像总是要事与愿违，总是要反复折腾，总是要默默付出，总是要耐心等待。

十七八岁的时候，偷偷看心爱的人，写一封信，说一句话，内心都悸动不安。憧憬着未来，幻想着爱情，可是又得把自己埋进题海，为高考竭尽全力。

我们穿着一模一样的校服，都是一张张素面朝天的脸，从没有电影里那般夸张和精彩。

但这就是我们的青春，它只有这一次，波澜不惊也好，恋恋不忘也罢，它真实美好，一去不返。

刚入大学的我们，像是获得了自由，光明正大地恋爱，通宵达旦地喝酒。我们迷茫又肆无忌惮地挥霍着青春。

快毕业的时候，才知道自己恍恍惚惚地过着日子，有的同学准备考研究生，有的同学参加了公务员考试，有的同学工作有了着落，而自己好像后知后觉，晚了一步。

人生还没到垂垂老矣，所以我们不应该安于享受、停止向前。

多学一门技能，多看一本书，即使这生活平凡无奇，我们也得去珍惜，去努力改变，让自己充实。

工作了，你固执地留在大城市，起很早，把自己埋没在人潮拥挤的地铁，踏踏实实地完成老板交代的任务，小心翼翼地面对骄傲的客户。报表、方案、例会、业绩，每一项工作都让你费尽心思。有同事被提拔了，有同事辞职了，而你在默默地坚持。

结婚了，你走进菜场，看那些五颜六色的蔬菜，计划着今天吃什么。你买了新鲜的排骨，打算为爱人煲一个汤。你们在一起享受一个周末，去郊外看看被遗忘的四季，读一首诗，看一部电影。发奖金了，你给爱人准备一份礼物，给父母汇一笔钱。

第一次做了父母，生命里又多了一个人。大部分时间你都在平平淡淡地度过。只是偶尔，一些美好的事物悄悄降临，它们让你喜悦而幸福。

有时候，喜新厌旧并非一件坏事。买一个最新的手机，换一个最潮的包，我们有这个善待自己的权利。

多少人曾爱慕你年轻时的容颜，可是谁能承受岁月无情的变迁？皮肤会松弛，头发会花白，睡思昏沉，皱纹爬上额头。岁月无情，它把你我朝着衰老的路上带。我们毫无办法，但却得面对。

贫贱之交不可忘，糟糠之妻不下堂，愿我们敢爱如当年。

总有人飞黄腾达，总有人默默无闻。而幸福的本质不应该完全建立在经济基础上，它更多的是内心的感受，是爱一个人的胸怀，是静默如初的陪伴。

有人说，这世界不止眼前的苟且，还有远方和诗。于是有人觉得：辞职吧，去远方吧，做自己想做的事，开始新的生活。

可是，谁说眼前的就是苟且？我们活在这世上，绝大部分人诚实劳动，合法经营，靠自己的双手养活自己，何来苟且之说？我们努力奋斗，买自己想要的包，爱自己所爱的人，谁的生活不是如此？

[3]

而诗，是面对生活的态度，是安顿内心的良药。心中有爱，善待生活，就会有诗。

漫长的人生路，我们好像要走很久才到终点。可是细算下来啊，活100岁，这一辈子也才三万多天。

你走在大街上，阳光洒落你的肩头，风从远方赶来拥抱你，你爱的人也在你身旁。你没有失去自由，你还是年轻的容颜，你还有很长的路可走，还有很长的思念可说。这就是平凡的生活。

唯有珍惜，因为一切都是馈赠。

心里有阳光，生活才能有阳光

[1]

今天早晨一上班就发现办公室桌上，有一只玫瑰果油润唇膏，我拿起来看，感觉似曾相识，想了想，怎么跟昨晚欢姐在朋友圈发的自制唇膏的图片一样呢，原来这只唇膏真是她自己亲手做的。后来才知道，欢姐利用下班时间研究了2个多月，终于成功，赶在干燥的冬季，给大家福利呢。

在众多人发的朋友圈里，我特别喜欢看欢姐的朋友圈，因为她的朋友圈里，总是能让你发现一种美好，乐观，向上的生活态度。

欢姐今年30岁，依旧单身。跟那些20岁出头就愁嫁，就在朋友圈各种秀孤单，秀可怜的姑娘相比，欢姐的朋友圈内容丰富，新鲜，充实。

前两天过万圣节，她把种在自家阳台上的南瓜摘下，然后把南瓜心掏空用来熬粥，再把空心的南瓜皮刻成一个很特别的模型，然后在中心放上蜡烛当台灯，晚上戴着自制的面具，自娱自乐，不花一分钱，也把节日过得快快乐乐，有滋有味，跟那些唠叨没人陪过节日的姑娘相比，她的朋友圈总是充满乐趣和生机。

就在上周末她还专门去宜家买了几个透明的小罐罐，在清晨跑完早操回家后，在罐子里面蒸上淡黄色的鸡蛋羹，然后在上面放上几片绿色的芹菜叶，在旁边配上红色果皮的苹果片，最后把它们放在一个精致的餐盘里当早餐，在吃之前照了一张发朋友圈。让你一大早起床，看着这样的图片就会心生美好。

跟那些一到周末就睡到大中午才醒，醒来发几张睡眼惺忪，一副疲倦困顿的带有起床气的照片相比，欢姐的朋友圈，不仅代表好看，还代表着一种截然不同的生活态度。

总有人说朋友圈是个虚假的秀场，但我看并不是。欢姐所发的这些图片，跟她在现实生活里的真实样子无过之而有不及。

[2]

昨晚我对一个微信好友，设置了"不看她的朋友圈"。这个人是我在商场里办理会员卡时，加的工作人员。

为什么我要这样做呢？因为在她的朋友圈里，我总是看到一种不好的，抱怨的，消极的生活态度。

比如她的朋友圈几乎都是这样的内容：

停电没网，发怒。周末加班，好烦。催交房租，焦虑。跟人吵架，无语。当然后面的都配的微信表情。

一个总是在朋友圈，发一些消极的图片和文字的人，她的生活也不会好到哪里去，至少是生活态度不够好。

甚至是那些经常发些伤疤照，流血照，受伤照的人呢，还不如那些发自拍照用美图秀秀修饰的美女照片。因为前者表达的是一种消极的态度，而后者无论你是否喜欢，但至少感官上不会让你有坏情绪。

某种程度上，你发的朋友圈里，就代表着你的生活态度。一个热爱生活的人，她的朋友圈一定是充满快乐，有趣的人事物。一个消极厌世的人，她的朋友圈几乎全是负面信息。

朋友圈不仅只是一个娱乐工具，其实它真真实实的反映了你的生活态度。你偶尔发的正面信息,也许并不代表你就是一个乐观的人。但你经常发的是这类带有美好性质的消息,就说明你的生活态度并不会差到哪里去。

不要怀疑别人装,一个人若能总是分享美好,有趣,有意思的消息,这样装一辈子,也代表一种积极的人生态度啊。

[3]

今年中秋,我,小玉,还有大林收到a同学带给我们她去云南买的火腿月饼,听说非常正宗,味道好极了。

中秋那晚我们各自拿回家后,我打开月饼正要吃,发现月饼面上有几处白点,仔细一看才知道发了霉,我的第一反应,a同学一定是不小心,买了过期货。

本想用微信提醒小玉和大林不要吃。结果一点开看到小玉发了一条微信朋友圈,配的图片正是这个发霉的月饼,然后发了这样一句话:a同学自己不想吃的发霉月饼,当做顺水人情送给我吃,害人不害己啊。

而几乎在同时,大林也同样发了这一张发霉的月饼,但把发霉的地方用图片做了处理,把发霉处掩藏,文字却说:感谢a同学的礼物,这个中秋有你的月饼,你的祝福,也有你的友谊。

后来我连忙打了电话给大林,本想赶快提醒她。大林却说,她一打开就发现月饼有问题,但她的第一反应却是,这月饼一定很少放防腐剂,所以才发了霉,是地道的好东西啊。

整个通话中,大林表现出的对此事的态度和看法,让你不得不佩服,原来同样一件事,不同的人用不同的生活态度来看待,产生的结果和心情,是不一样的。

积极的人，总是会在不好的事物里发现积极的一面。消极的人，即便在好的事物里也会挑出不好的一面。

那些总是在朋友圈发一切代表美好感情，美好事物信息的人，并不是代表他们的生活就真的如天堂般美好，而是即便不如意，他们也能在不好的地方努力发现生活最美丽的一面。

[4]

小蓝，是我的初中同学，她总是喜欢夸大自己生活里不好的一面，然后极力掩饰自己过得好的一面。

从她的微信朋友圈，她这种消极的生活态度也淋漓尽致地展现了出来。

比如上个月我们一起去爬山，途中她不小心摔了一跤，脚踝有些扭伤，但她立马拿出手机拍了一张躺在地上的看起来非常难受的照片，然后发朋友圈说，今天爬山运气差，腿都摔骨折了。消息发了以后，博得大家的关心和担心，她非常开心。

上个月因为工作出色，被评为当月的销售小明星。领导让人事部多给她发了1000元的奖励。原本是一件开心的事儿，结果她立马把这1000元的现金，又照了一张照片，发图发文说，加了一个月班，领导才给这么点加班费。

其实她加班，业绩提上去，领导给她实实在在算了提成的啊，而且还额外又给了奖励，她却不知感恩，反而怪钱给的少。

有时候你在朋友圈看到那些不好的信息，其实并不代表他们真正过的就是非常糟糕的生活，而是他们用一种不好的心态去面对生活，所以常常发这类抱怨的消息的人，他们也真正的过得不好，因为一个人过得好不好，其实跟物质条件没关系，而是跟你的生活态度有关系。

[5]

你的朋友圈，其实就是一个真实的你的写照。

对于那些被当下很多人排斥的，喜欢发鸡汤文，发健康信息，秀恩爱的人，我从不觉得他们是在秀，在演，在作。

我反而觉得朋友圈其实只是代表一个人日常生活的一个记录，那些在朋友圈看似过得很好的人，也许生活处处碰壁有不如意。但总是喜欢挑拣好的一面给别人看的人，生活态度一定是美好的。

曾经有一篇文章带有讽刺意味的写，愿你的朋友圈跟你的真实生活一样美好。其实我反而认为，无论你的真实生活过得怎么样，但有一个好心情，有一个积极，乐观的生活态度，在朋友圈给大家分享的都是美好的东西，那我就认为你这个人，一定过得很好。

人过得好不好，物质条件说了不算，你对生活的态度说了才算，你的态度是阳光的，日子怎么过都是灿烂的。你的态度是灰暗的，日子怎么过都了无生趣。

你发的朋友圈里，不一定藏着你的真实生活，但一定藏着你的生活态度。

[爱自己，不要只是嘴上说说]

十多年前，中央戏剧学院表演系有两个漂亮的女孩儿同期毕业了，她们都姓白。一个毕业了就早早地嫁人了，嫁给了一个中年富商，过着看似富足的日子。还有一个拼命地跑剧组，磨演技，一步一步地实现着自己的职业理想。后来，她们一个因为情感纠纷死在了丈夫的刀下，一个成为了家喻户晓的明星。

也许这个例子有点儿极端，那么看看我们生活的世界。从女总统、女法官到女影后、女教授。那些从银幕到头条，我们耳熟能详的成功的女性哪一个不是把宝贵的青春用来投资自己？而那些投资爱情和家庭的芸芸众生，则沦为了我们叫不出名字的：王太，张太和李太。

也许美貌和性格可以让你收获爱情，但只有独立才能让你收获尊严。而有尊严的爱情才是有质感的爱情，才是平等的爱情。所以女人最值得的投资永远不是用青春貌美来投资一个男人，而在于源源不断一投资自己，提升自己。

不置可否，所有女人都像需要空气一样需要爱情。但是如果你把有限的青春用来投资一个男人和一段爱情，那么你的后半生将在祈求这个男人不要离开你中度过。如果你把投资男人的时间和精力用来投资自己，那么爱情则由追求变成了吸引。一个优秀的女人从来都不会缺乏追求者，而你需要做的仅仅是挑一个自己喜欢的。

其实男人不会去深入研究他要如何对待你，基本上你呈现出来的面貌，就是他对待你的标准模板。说难听点就是：看人给价。女屌是女屌的待遇，女神是女神的待遇。你若内外兼不修才疏而又学浅，你凭什么要求他视你如沧海遗珠？爱情是什么，它从来都不是毫无逻辑的荷尔蒙分泌。它是一场精准的匹配，是人们以爱的名义在生活中寻找他能找到的最棒的那个人。

所以，投资自己才是一个女人最值得做的事。

说到投资自己，很多女人的第一反应都是：我要买包，买衣服，做美容，四处旅行。我要把赚来的钱都花在自己身上才是投资自己。如果你经济宽裕，我赞同你这么做。如果你尚在奋斗为了买包和旅行节衣缩食每天吃泡面，那么我非常不建议你这么做。

宠爱自己绝对不只是买名牌和出国旅游这么简单肤浅，而在于生活的每一个细节。你吃的每一顿饭，喝下去的每一滴水，你手上没有脱落的指甲油，衣服上没有脱线和粘毛，头发整洁干爽，周身体香怡人都代表着你的与众不同。

这样的姑娘，哪怕她全身上下没有一件名牌，没有去过家乡以外的任何地方，在我眼里也是好好宠爱自己的有质感的姑娘。那些蓬头垢面节衣缩食大半年只为了买一只LV的姑娘，哪怕你背的是爱马仕，很抱歉，你在我眼里依然不高级。

姑娘，你要学会把你的生活和目标联系在一起，而不是和具体的某个人某件事联系在一起。与其把宝贵的时间投入到找男人上，远不如投资自己的眼界、格局、审美和品味。

我们要把自己塑造成一个经久不衰的名牌，无论你穿20块钱的地摊货还是20万元的高级定制，它们都只是你的陪衬。记住，你才是那个最有价值的品牌。如果你没有把两万块的名牌包随手丢到地上或者顶在头上挡雨的底气，那就别背。买回来供着，证明你用不起也配不上。买名牌不是宠爱自己的唯一途径，善待自己体现在生活的每一个细节里。

所以你若问我作为一个女人什么最重要？我的答案永远都是：经济独立、财务自由最重要。你的气质、阅历、品位这些通通都可以培养，但是很现实的一点就是，培养这些都离不开金钱的土壤。无论是读万卷书还是行万里路都是要花钱的啊朋友们，你在家里吃薯片看韩剧想让李敏镐跟你求婚不是不可以，但是你看十年也看不出在塞舌尔的海滩上读完了《资治通鉴》的那种气质。

然而，比起投资身外物更有"升值空间"的是投资我们的眼光、品味、气质和格局。这些美好的软实力不会被时光磨损折旧，反而越陈越香，历久弥新。这些品质不能穿戴在身上，但是能融入你的血液，提神你的谈吐，优化你的气质。甚至可以写在你的DNA里遗传给下一代。

所以我愿意用一只香奈儿的钱去上一个昂贵的专业课程，我愿意把买高跟鞋的预算拿去听一场演奏会，我愿意少买一条裙子多买几本书，我愿意把聊八卦和下午茶的时间用来参加更有意义的行业峰会。

试着用那些投资外在的时间和精力拿来投资内在，你会发现东西是越买越少，但是买东西的品位和质地却是越来越好。你再也不用担心看到信用卡账单，因为无论是钱包还是内心，都是美好而又富足的。

我们谈过的恋爱，不是在教育我们如何选男人吗？我们买过的包包，不是在教育我们什么才叫做经典么？我们吃过100家著名餐厅，只是为了培养一条懂得鉴赏美味的舌头。我们去过的地方越多，就越觉得自己渺小而又浅薄。于是学会了对我们不了解的事物表现出应有的尊重和谦卑。

我们读过的书、走过的路、见过的人、花掉的钱其实都是在给一堂课交学费——那就是向这个世界学习如何变得体面。例如，穿款式简单质地上乘的衣物比花里胡哨blingbling的淘宝爆款体面；了解每个品牌的文化和背景比背着印满logo的包包体面；学习拍一张有质感的照片，比用ps软件修图一百遍体面。好好地谈一场严肃的恋爱，比隔三差五地换男友体面。做个被人尊重的独立女性，比彻底依附于一个男人体面。

所以，一个女人最值得的投资永远都是投资自己。在豆蔻年华里好好读书别满脑子谈恋爱，更不要愚蠢到跟男朋友私奔或者怀孕。奔三的年纪，好好投资自己的事业，努力赚钱。这是你投资内在外在品位气质的资本。人到中年，也要学会把自己从家务和孩子中解脱出来，投资自己的兴趣爱好，投资旅行多看世界，不然退休以后多无趣！

如此过一生，当你白发苍苍的时候，你就是一个又有钱又有趣又时髦的老太太。这一生，无论多少岁离开都没有遗憾，这就是最好的生活。如果这辈子年轻的时候用全部精力投资男人，中年用所有时间投资孩子，年老了如果孩子不在身边，跟老头子又没有共同话题，你的晚年生活是不是一眼都能望到尽头的荒芜？

我从未见过一个丰富又有趣，有钱又有见识的女人会没有爱情。

反而那些除了男人什么都没有的女人，到最后也会失去这个男人。

保持在同一频道是最好的情感保鲜法

[一个不问，一个不说]

很多感情变淡了，都是因为一个不问，一个不说。沉默永远都是疏远的开始。两个人之间，没有沟通就没有延续，没有联系就没有感情。

每个人每天经历的人和事不同，感受各异，只有不断地倾诉和倾听，才能彼此了解。

如果一个不问，一个不说，再熟悉的人也会渐渐没了共同语言，再深的感情也会渐渐找不到支点。连倾诉的欲望和倾听的欲望都没有了，这段感情也就差不多走到了头。

如果关心一个人，就不要吝惜自己的语言，该问就问，才能知道对方在想什么、在经历什么，才能深入参与对方的人生。如果看重一个人，就不要吝啬自己的话语，该说就说，别指望别人能凭空猜出你的心声，话要说出口彼此才有相互了解的机会。

[一个不退，一个不让]

很多感情变淡了，都是因为一个不退，一个不让。这世上没有那么多恰好合适，其实都是互相迁就。

人与人相处总会遇到冲突，再好的朋友也会吵架，再好的夫妻也会闹矛盾。如果矛盾发生了，一个不让，一个不退，以争吵收场，或是以冷战结尾，这份感情也就已经被伤得很深、变得很冷。

感情里没有那么多输赢对错，你若总想赢过对方，就只会输掉彼此的情谊。长久的相处，需要一个懂得迁就对方的人，和一个懂得包容对方的人。如果对面是你所爱惜、所重视之人，为了他/她退一步、低个头又有何妨？退一步，让一下，彼此未来的路更宽广、也更长远。

[一个不等，一个不追]

很多感情变淡了，都是因为一个不等，一个不追。每个人的生活步调其实都是不同的，如果做不到彼此配合，就只能越隔越远。

有的人的人生路走得快一些，走得远一些，也许这时候正春风得意。有的人的人生路走得慢一些，走得近一些，也许这时候正失落失意。走在前面的人，如果忘了回头看看，就总会弄丢了身边的人；走在后面的人，放弃了追赶，就总会看着对方从视野里渐渐消失。如果不能配合彼此的步调，就永远无法并肩前行。差异越来越大，距离越拉越远，感情也就越来越淡。

生活总爱把很多差异横在人与人之间，这些差异也许来自地域、也许来自金钱、也许来自身份地位，但只要走在前头的人别忘了等一等，走在后面的人别放弃追赶，彼此之间的距离就不会远，这份感情就不会淡。

少对别人的生活指手画脚

碰到学妹聊了一会儿。她说前几天参加一场面试。准备了自己最合适的正装，还跟朋友借了一条丝巾，出门前精心收拾妥当。她的一个室友不屑地说："何必穿得这么正式呢？你能力好穿得再随便也会录用，能力不好穿什么也没有用。你看XX大神回学校演讲的时候，不也是穿着休闲外套和牛仔裤吗？"

学妹略带苦恼地说："先不管这个室友说得对不对，那种嘲讽的口气和不屑一顾，让我觉得很不舒服。"

我能理解学妹说的这种"不舒服"。只是这样的人，这样的事，也没必要挂心上。

一个入职培训时认识的女孩，不知道从哪里知道我写文章。发消息问我你现在每天都写文章吗？我回复说，有时间了就写点。她给我发了一条语音："看不出你还挺有追求的，只是不知道我们未来的大作家有多大能耐、能坚持多久……"

语音比文字好的地方，就是可以传达出更多的信息。她的这句话，加上嗤之以鼻的语气，听起来明显有一些刺耳。不得不说，两年没联系的人，专门找我泼下这桶冷水，该有多无聊。

生活中总是有一些无聊的人，喜欢不负责地对别人评价和指指点点，嘲笑别人的努力，打扰别人的梦想。你工作认真，笑你死板；你善良，笑你缺心眼；你坚持，笑你不自量力；甚至去看一场话剧，都被当作饭后的槽点，说你装文艺……

事实上，那些对你指指点点的人，并不对你的人生负责。你的面试能不能通过，你的理想能不能实现，你过得快乐不快乐，他们根本不关心。他们只是关心自己把到嘴边的话说出来，表达自己的情绪，顺便自己开心一下，从对你的指手画脚中找到一点存在感。

生活中，你坚持的一切，都会有人看不惯，背后或者当面指指点点，带着看热闹的心态，也带着不满、嘲讽、嫉妒、不屑……独独没有善意。

若你不在乎背什么样的包，一定要舒服的床垫，会有人看不惯；

若你放下稳定的工作去做自己喜欢的事情，会有人看不惯；

若你认真生活没有跟他们一样家长里短，会有人看不惯；

若你做事有自己的原则，不做烂好人，更是有人看不惯……

没有任何一个人可以满足别人所有的设想和期待，不管你做什么，跟谁在一起，总是会有人指指点点。这些指指点点，随意，轻慢，甚至带着敌意。

庆幸的是，没有温度的评价和指责，也并不能让我们损失什么，只有当我们在乎的时候，才会有所损失。

去年我准备考研，一个同事看到我下班在办公室看书，问了我的准备情况之后，丢下一句话，"你要是能考上就是奇迹"，然后嘿嘿笑着走了。我看了看他的背影，然后低头继续专心看我的书。两个月后我创造了奇迹。

朋友小F和男朋友是别人眼中的不般配情侣。不少人在背后议论，甚至有人当着小F面问她图什么。一个月前他们订婚了。小F说，她知道自己想要什么，她男朋友虽然不高不帅也不富，但是聪明，努力，乐观，温暖，符合她对爱情的所有幻想。

现实生活中，指指点点不可避免。幸好，这些并不能伤到我们，不在意，做好自己，就是最有力的回击。

那些不为我们人生负责任的指指点点，随它们去吧。当然，我们也不需要成为路人口中的甲乙丙丁。

真正为我们着想的人，就算泼冷水也会害怕我们感冒，就算给戴高帽子也会担心我们得意忘形。这些人给的，是信任，支持和中肯的建议，而不是随心所欲的评价。

同样的，我们也无须对周围人的生活随意指指点点，如果真的在乎，给一点负责任的评价，带着诚恳，带着善意。如果不在乎，就管住自己的嘴巴，不要干扰别人的生活，更不要打扰别人的努力和梦想。

生活需要指点，而不是指指点点。远离那些经常对别人泼冷水，随意指手画脚的人。他们是生活太闲，而且内心空洞，才需要以这样的方式刷存在感。

那些无谓的指指点点，也无须记挂，有那么多更重要的事情要做，有那么多美好等着去发现。像村上春树说："你要记得那些大雨中为你撑伞的人，帮你挡住外来之物的人，黑暗中默默陪伴你的人，逗你笑的人，搭车看望你的人，陪你哭过的人，总是以你为重的人……"

不在不值得的人身上因生气而浪费了时间

前段时间一位久未谋面的朋友从美国回来，打电话约我吃饭。

我把地点定在了一个挨着地铁站的大商场里，对于不熟悉北京交通的人，我认为这是一种贴心的照顾。不过他告诉我他打车，不需要了解地铁站，请我把详细地址发到他手机里。我照办了，同样很贴心地，我特意上网查了详细的街道门牌。

就在吃饭之前半天，我收到了他的短信："晚上吃饭的地方坐地铁怎么去呀？"

我回复了，包括走哪个出口。两分钟后他又问："几号线呀？"

我心里开始有点不爽，扔掉手机做自己的事，晾了他两分钟才勉强回复了这条短信："十号"。很快我收到第三个问题："我在××站，坐过去要换乘几次呀？"

我的这位朋友受他的方言影响，提问喜欢用"呀"字结尾。回想起我认识他的十年，我忽然意识到我对"呀"字都形成了一种条件反射般的厌烦。我深呼吸，放松自己的情绪，开始思考一个问题：这种厌烦，到底起源于什么时候的什么事情？

在我脑海中很快浮现出了《火影忍者》的一个人物——佐井。

佐井是个笑眯眯的人，我的这位朋友也是。那是一种招牌式的亲善的笑容。不过，在佐井刚刚加入鸣人和小樱队伍的时候，他遭到了强烈的反感。我记不清具体的情节，但有个印象很清晰，佐井的笑容不但没能改善他的人际地位——这与他"学习"笑容的初衷是完全相反的——甚至起到了雪上加霜的作用。原因是他笑得太古怪了，他不是因为高兴才笑的，笑容只是他的一层面具，骂人时也笑，挨打时也笑。

佐井是个没有感受的人，他只会执行任务，笑容是为了让任务方便一些。

我这位朋友当然不至于到那么夸张的程度。不过，如果说他在人际交往中经常忽略掉人与人之间的感受，关心任务更多一些，倒也算一个公允的评价。

他是一个极端聪明的人。聪明分很多种，他的聪明集中体现在他的解决问题能力。在我和他有交集的那些年里，我从来没有见过有一件事是他办不成的，哪怕是很多在我看来匪夷所思的事情，例如作为本科生去一家著名外企实习，从事一门跟自己的专业八竿子打不着的技术研发。

这种事我想一想都觉得超现实，但人家首先不会用"匪夷所思"去定义，因为他不会有这方面的感受。他只会笑眯眯地思考这件事所需的关键步骤，按步骤往下做。要提交申请，那就写，要审核材料，那就依次准备。遇到没有的材料怎么办？就用最方便的方式去获取一个。比如，利用暑假的时间上个速成班。

我毫不怀疑，如果那个申请要用拉丁文，他也会很快找到一个拉丁文高手帮忙翻译。如果他希望认识一个人，无论是著名教授还是名企高管还是校花女神，在一般人还在纠结"人家不可能理我吧"的同时，他已经笑眯眯地约好见面时间了。

他认识人的方法直接又有效，找到联系方式，直接上门搭讪。没有联系方式也难不倒他，他可以想办法问人，还可以上网。他能用google搜到十个疑似此人的联系电话，一个一个打，打通为止。总之，用人挡杀人，佛挡杀佛来形容他就对了。

他的问题解决方式完美地诠释了传说中的大象装冰箱三部曲。他是真的可以把冰箱门打开，直接把大象往里塞。如果塞不进，他不会沮丧，不会懊悔，更不会自我怀疑，他会笑眯眯地转过头问你："你知不知道谁可以帮忙把它塞进去呀？"

这样的人就算是做了推销员都能发财，更何况他还有文凭和技术。所以他毫无悬念地这些年在向着成功的道路上一路高歌猛进。但在他身后聚集了各种冷眼和质疑。他很不招人待见，不是因为聪明，而是因为他无法和人在感受的层面互动。

他笑眯眯地夸你，也笑眯眯地自夸，笑眯眯地贬你，也笑眯眯地自贬。

有时会笑眯眯地激怒你，有时又会笑眯眯地让你觉得生不出气来。

所以按照一贯的方式，他笑眯眯地问我："坐过去要换乘几次呀？"

我估计这是他最快解决问题的办法，就这么简单。不会解释"不好意思，地图上线路太复杂了，这么多站我实在看不过来，你能不能直接把路线发给我？"，也不会开个玩笑说"我是路痴求鄙视"，也不会道歉说"再多麻烦你一下哈"……

如果我忍住怒气回复他："你自己不会看地图吗？"

他一定会说："好的，那我自己看吧"。不会受挫，不会生气，不会问我"怎么了是不是心情不好"，可以想象他揣起手机去查地图，还是一脸笑眯眯的。

如果教育他："你都不会说一声请谢谢对不起吗？"

他会说："好的，对不起，请问坐过去要换乘几次呀，谢谢。"不会自责，不会尴尬，但一定会提醒自己下次跟我提要求时务必把文明礼貌用语加上。

他是不会有感受的，不会觉得我不耐烦。或者，他从理智上识别到我处于"不耐烦"的情绪状态，但他不想对此有任何的反馈。对他来说，只是任务的达成过程中遇到了一点小障碍，需要另想办法。就算我非常生气地告诉他："我不去了！"他也会问："是不是时间不合适呀？要不要改个时间呀？"你看，他这样子反而最不怕面对人际冲突。他随时随地都可以向任何人提出要求，当然会遭到很多次拒绝。他能把被拒绝也转化成一个问题来处理，直到在你这里解决掉，或者绕开你找到别人。

所以最后我拿起手机，平心静气地告诉他，往哪个方向走，在哪个站怎样换乘。

十年前我想不通，为什么很多人不待见他，但是很少有人会一直拒绝他。现在我想，因为对他这种类型的，尽快达成他对你的期待，才是最简单的拒绝方式。他把我当成一件事，我就赶紧做完这件事，我们手起刀落，完成任务，相忘于江湖。

他笑眯眯地和我交换了礼貌："谢谢"，我回复："不客气"。

后来我们吃了饭，做完了久别重逢应当有的全套仪式，道别，各回各家。等待着之后又有什么事件可以成为我们联系的理由。也许没有了，就像我们失去的很多人。可是我替他觉得有些不值。吃过的酒饭已经化为了乌有，而承载记忆的短信还可以在收发件箱里多躺一阵子，但最终也还会删掉，删掉就不剩下一丝痕迹。当然那也没什么，他还是笑眯眯的，在人生路上全速奔行，一路上他会超过很多人，但他们都是过客。他会向前跑到地平线，过客在身后的那些惘然，不过是另一种不值而已。

人与人之间，有时可不就是这么一回事吗？

未婚又怎样，这并不能妨碍你精彩地活着

人生并不一定要找到什么惊心动魄的意义，我们活着，是因为热爱。我们结婚，是因为相爱。我总是觉得，这样的人生，才不白来一场。

在回国下了飞机的四十八个小时内，我连续参加了几场场面壮大的接风宴。菜色隆重烟酒浓烈的餐桌上，大家谈论最多的话题，就是身边女孩子的感情状况。

有人说起某某家大学刚刚毕业的女儿谋一份每个月工资两千的差事，大谈特谈婚姻的经济哲学，"瞧瞧她起早贪黑挣得那点儿钱，不如找个人嫁了，这要是找个有钱点的老公，出门坐宝马在家做太太，还用遭这罪？！"

有人谈起自己的闺蜜和相恋多年的男友分手后从此一蹶不振浑浑终日，一副义愤填膺的模样："要我说这两个人在一起就不能拖得太久，男的都不是好东西，口口声声说爱你，等你把水灵灵的青春都耽误在他身上，他嫌你老了不漂亮了一脚把你踹开，你到时候找谁去算账？你说我说得对不对？！"

更有人谈论二十七八还没结婚的轻熟女，就像谈论一种不值钱的水果："哎哟，都这么大的姑娘了，眼瞅着就老了，还不结婚啊？姑娘你别嫌姨吓唬你，那些嘴硬说不结婚的啊，等到好的都被挑走了，就剩下那些歪瓜裂枣的，那以后能找个二婚的啊，可能就不错了。"

我隔着厚重的烟雾看着一张张失真的脸，餐桌上可爱的蒸鱼和田螺都变得张牙舞爪。这样的故事听多了，就觉得爱情这件全世界最单纯的事情都变得

复杂压抑。爱情什么时候变成了一件受尽限制算尽机关才能发生的事情呢？我抓起眼前的一块玉米猛啃，想起我身边的那几个没结婚的大龄普通姑娘，我忽然想讲讲她们那个世界里的单纯和美好。

A姑娘今年二十八，自从大学毕业和去异地工作的男友分手后就一直单身，这是她一个人生活的第四年。她独居在租来的一室一厅里，每个月花掉工资的三分之一，房间不够气派豪华，却总是有阳光在午后照进来。A姑娘没有爱人，阳台上的花花草草就是她精心呵护的情人，手作和书籍也是她最爱的消遣。她一个人睡一张双人床，一个人捧着一碗面看电影，一个人躺在藤椅上看书读报，一个人专心地泡咖啡，也静静地伏在阳台上看太阳一寸一寸地坠下去。

在A姑娘的生活里，其实并不是完全没有爱情。她有时会对咖啡馆坐在角落里的男孩子怦然心动，偷偷写下带有自己电话的纸条；也偶尔会在亲朋好友地撮合下去相亲，结果往往不太理想，却也见识了更多的人生。在没人来约的时候，A姑娘并不孤独，她学会了和自己约会，她请自己去拥挤的夜市吃五块钱一把的羊肉串，也在西餐厅里为自己买一份奢侈的黑椒牛排。她穿漂亮的裙子乘火车去郊外野餐，为自己做四菜一汤的晚餐，在各种食物的味道里把一个人的生活烹调得热闹非凡。有人说A姑娘活得孤独寂寞，一个人过日子很快就会枯萎，可是她用各种方法让自己活得欢腾，我总是看见她盛开到明媚的模样。

A姑娘对我说，在那个对的人还没来之前，我能做的就是好好替他爱自己。

B姑娘满三十岁的那一年，男朋友突然和她分了手，没什么郑重的理由，说到底就是不爱了。她忘记了自己是怎么把一件件属于自己的东西装进原本准备度蜜月用的行李箱，却没忘记在离开前看见男朋友那双变了太多的眼睛，最终忍不住哇地一声哭出来，很逊地大喊"我们在一起五年了，怎么说分手就分手啊！"她摔碎了一个昂贵的花瓶，在关上门飞奔下楼的时候，却开始担心不爱穿袜子的男朋友，会不会不小心踩到那一地五光十色的碎片。

B姑娘不是独立的女孩子，在一个破旧的居民楼里找到临时的居所，合租的情侣在深夜里不避讳地叫喊，单身的男孩子把音响开得老大声，独自在外闯荡的女孩每个晚上都站在阳台上大声和她的母亲讲电话。大家有大家各自的热闹，B姑娘却只能抓紧被角一个人在黑暗里奋战孤独。在经历了半年的夜夜痛哭和暴饮暴食后，B姑娘看到镜子中自己那张脱了水的脸，忽然就意识到时间的可怕。她已经三十岁，却还没有一些可以安身立命的东西，这让她特别地慌张和难过。

B姑娘供职三年的公司，年底照例又要提拔一些人才，此前她从未对此在意，这次决心想要试一下。她穿上久违的正装和高跟鞋，心无旁骛地对着手上的几个项目埋头苦干加班加点。这是她第一次意识到努力工作的乐趣，一点点从这样的辛苦中发现自己未被挖掘的才华，原来她是如此地有创意，可以把文案做得生动有趣，也有着那么好的口才，说服上司改变主意，劝到客户心服口服。年底接受提拔的时候，她已经彻底忘掉那个绝情的前男友，因为她爱上了深夜里依旧为事业打拼的踏实，和厚厚的一沓年终奖。

B姑娘对我说，我失去了一个男人，却找到了自己。

C姑娘和男朋友在一起八年，还没领那一张薄薄的结婚证。见多了恐慌不能和相处多年的男友一起走入婚姻殿堂的姑娘，我开始对C姑娘的作风无比佩服。C姑娘长着一副小鸟依人的模样，是个周到尽职的女朋友，却暗藏着独立的性格，有着毫不妥协的一面。

她会在男友赴酒局前准备一杯酸奶，却绝不会在他和兄弟喝酒的时候不断地打电话催他回家；她会为生病的男友煲汤煮饭，却不会因为他的一个电话而中止一堂瑜伽课；她会因为男友一件简单的礼物而欢呼雀跃，却也享受在商场里为一件昂贵的大衣独自买单。当别的姑娘对着相恋多年却不肯走入婚姻殿堂的男友歇斯底里地痛哭，"你为什么不娶我？！"C姑娘却从未让自己有过这样的难堪，她相信婚姻并不是爱情的唯一保障，一个女人要学会拥有制造安全感的能力。

C姑娘最爱特立独行的徐静蕾，这个大龄未婚却带着一颗少女心的女人说："大学刚毕业那一阵，我也觉得一定要结婚，工作根本是一件可有可无的事情。后来我的事业越来越开阔，当你有了自我的时候，日子就过得越来越顺了。原来总把快乐寄托在别人身上，后来慢慢发现自己有产生快乐的能力。我觉得爱情还是很重要，但婚姻算不得什么。"

C姑娘对我说，我相信一段感情中两个人相互依存的甜美，但我更相信一个女人在爱情中独立的魅力。

这就是我身边那些没结婚的姑娘们。

她们是再普通不过的女孩子，没有谁含着金汤匙出生，也没有谁有着倾国倾城的样貌。她们是城市中努力行走的年轻人，有着平凡的烦恼和困惑，受过伤失过望，却在生活里小心翼翼地保护着对爱情的期待。

这样普通的姑娘们，让我看到了爱情最伟大的那一面，没有妥协没有委屈，不甘心用别人的标尺去丈量自己的爱情，她们因为没有遇见对的人而保持单身，因为爱一个人而生活在一起，保持对爱情最简单也最难得的信念，遵从己愿，尊重内心。

同样的，在我的身边还有着另外一群女孩子，她们过着截然不同的日子。有些因为经济和年龄的压力和见面三次的男人结了婚，也有因为害怕自己嫁不出去而恐惧慌张频频相亲，更有和恋爱多年的男友分了手就觉得所有事情都失去意义。

前几天听人说起一个二十几岁的女孩子，随家人去日本，大学刚刚毕业，因为某种政策的原因无法找到一份正经的工作，只能在杂货店打零工。家人觉得她太辛苦，就帮忙介绍了一个在酒店工作的厨师，每个月薪水是女方爸妈加在一起的数目。女孩一开始嫌弃男孩的相貌和性格，后来在家人的劝说下也违心地点了头，开始筹办婚礼，她说这样的人生才容易一点。

我不知听说了多少这样关于爱的故事，让我对爱情一点点失去信念，爱情不是一种非常自然而美好的事情吗？为什么这样美好的事情，要因为一些违心的理由而发生？为什么那么美好的姑娘们，连一点点的尝试都不去做，就甘愿去向看似艰难的生活妥协？

有时候看看年纪大一点的人，就会发出这样的感慨，大家虽说也有贫富的差距，但是或早或晚地，都会获得同样的收获。人生到最后，或许就是一场相似的抵达，一间住所，一个伴侣，几个儿孙，一场生活。

那些年轻时因为恐惧和压力而做出的违心的选择，就让错过的人和日子成了心头永久的遗憾。而或许爱情这件事，最持久的快乐就来自于内心的声音，在不伤害别人的前提下，尽量遵从自我的意愿去爱，去生活。

人生并不一定要找到什么惊心动魄的意义，我们活着，是因为热爱。我们结婚，是因为相爱。我总是觉得这样的人生，才不白来一场。

不是你想要的生活，
你有权说不要

[1]

周末遇到过去的同事，说起最近武汉的房价。

"你买第一套房的时候，不到八百块钱一个平方米吧？现在翻十倍不止，财商真高。"朋友说。

财商这事儿跟我真没有半毛钱关系，我清晰记得当时买房的情形。

当年我供职的单位是家大企业，虽然取消福利分房，大家还是有福利房可住。每个年轻人结婚的时候，都会有一个自己的窝。但那窝是什么样的呢？20世纪60年代的红砖筒子楼，家家户户把煤气炉安在走廊上，卫生间也是公用的。

这样的房子是起步，随着工作年限、级别的上升，住房条件会慢慢改善，最终，住进两居室，三居室。不过熬到那时候的，都是中年人了。

有个同事比我早毕业几年，刚生了孩子，在十几平方米的空间里，挤着他们一家三口，还有来照顾孩子的丈母娘。我去的时候，丈母娘正坐在沙发上准备洗脚，灯光昏暗，我进去一脚踹翻了她的洗脚盆，水洒得满地都是。

那一刻，我心里有个声音喊，这不是我的生活，我不要。

买房的时候，很多人劝我："住上单位的两居室只是时间问题，花这个冤枉钱，多傻啊。"

我没有什么道理能说服他们，只有一个信念：绝不能让自己的孩子出生在没有厨房厕所的房子里。

当天看房就下了定金，房子唯一的优点是离单位近。

后来房价上涨，人人都当房奴的时候，每个人都说我聪明，有眼光，我倒觉得，我可能比他们傻一些。

一个理由就可以支撑我做一个重大的选择。而很多人，喜欢左右权衡，喜欢万无一失，考虑再三，还是会放弃。因为世界上哪有什么万无一失，怕失败的人永远得不到成功。

[2]

我还在著名的杂志社工作过，两年就辞职了。那家杂志社因为待遇好，很多人做十年二十年，尽管每天都在抱怨，还是不愿意走。

导致我辞职的原因也是一件很小的事。

与老总在北京出差，我陪她去买护肤品，她买了两套，发票开的是她家先生的单位。导购小姐按规矩给了她一些试用装，她却软磨硬泡想多要一些。

"你看，这小姑娘帮我拎东西，总得给人家一套试用装吧。"她指着我说。

那是我一辈子忘不了的尴尬时刻。

导购只好又给了她一些，嘴角带笑，眼睛里却藏不住鄙夷。她伸出手指头，从里面挑出最小的一盒，递给我。我连忙扔回她的手提袋。

那一刻，我就决定，绝不在这样的人手下做事，无论她的业务能力多强，办的杂志多么畅销。

朋友觉得我太冲动了，实在不行可以换个部门啊。

那位老总在这家杂志社做了15年，从接热线电话的编辑做到高管，我相信这样一个人的身上所体现的就是这家公司的气质。

[3]

如今杂志社江河日下，跟我同期入职的同事，夸我当初有远见，如今他们走也不是，留也不是。

其实并不是我预见了杂志社的今天，而是我更尊重自己的内心。我爸经常指责我，你是公主病，别人都能忍，你就不能忍。

可是，我凭什么要忍。

虽然我常常不知道自己要什么，但我很知道自己不要什么。我不要委曲求全，整日抱怨，我不要看着自己每天忙忙碌碌、努力上进，却过着不快乐的生活，跟不喜欢的人在一起。

[4]

有些人觉得人生的重大选择，应该有浩大的理由，我却觉得，越是重大的选择，理由越是简单、直接、粗暴。

要不要过这样的生活，每个人心里原本都有答案，是理性的分析，慢慢磨损了那个正确的答案，使我们变得与大多数人一样，为了生活而忍耐，为了生存而低头，其实你不忍耐也死不了，抬起头也可以活得好。

一个女生，觉得男朋友不适合她，在一起不快乐，本来应该转身就走，她却开始理智分析。一分析问题就来了——单身女生这么多，离开他万一找不到别人怎么办；据说中国90%的婚姻都是凑合的，我与其再找个人凑合，不如跟他凑合……

　　人脑中有一个区域是专门负责"解释"的，所谓理智的分析，其实就是为自己的软弱找借口。

　　我一直是个大事冲动的人。一切让我觉得沮丧、没有尊严、突破底线的事，我都会毫不犹豫地逃离。很多人在这样的时候，会问一个问题：你不想要这种生活，但你想要什么样的生活？

　　抱歉，我答不出来。

　　想要什么样的生活，是特别难回答的一个问题。无论你描画出什么样的未来，旁人几个反问就可以轻易灭了你的热情，于是你被扣上幼稚、不成熟、异想天开的帽子。

　　其实我干吗要知道未来是不是比现在好，如果当下的生活是一种忍耐，我要解决的就是不再忍受，而不是一定要知道明天会更好。

　　未来更好还是更糟，谁说了都不算，只有去实现才知道。

　　不要相信现在不开心，忍到最后就会开心。忍到最后只会心死，不再介意什么叫开心，什么叫梦想，什么叫热血。

[5]

　　有一句西谚是：小的选择靠经验，大的决定靠感觉。

　　小事尊重自己的理智。买哪件衣服、去哪里吃饭、看什么样的书，研究时装杂志、上大众点评、看豆瓣评分，做足功课就可以最大限度避免选择失误。

　　大事遵从自己的内心。为不喜欢的事情而含辛茹苦，为不喜欢的人而强颜欢笑。这样的经历，出现在我们18岁以前，是磨炼意志，18岁以后就是苟且偷生。

有趣才有诗意，眼界就是远方

生活不止眼前的苟且，还有诗和远方。

最近这句话很流行，想必是击中了很多人

想必是，大家都觉得生活在苟且中，不可自拔了。

所谓苟且，并不是生活艰难得吃不饱穿不暖，而是我们为了温饱和安全的愿景，而自愿过着一种规律一成不变的生活，还有一眼可及的未来。

每天准时上班下班，上班做着同样的工作，下班挤着同一趟地下铁，晚餐吃着一成不变的菜式，睡觉前刷着来来去去那些人的朋友圈。

这样的生活，并不太坏，也不太好，这就是苟且。

要说最大的坏处，是这样的生活，强烈地侮辱着我们的智慧。

我们知道，人是万物之灵，目前所知宇宙中最聪明的生命体，不应该过一种单靠小脑平衡移动身体的单调生活。

智力无所用的生活，是会让人发疯的，就像汤里没有了盐，虽然可以勉强喝下去，但是滋味全无。

于是我们会向往诗和远方。

当然很多人，会把诗和远方理解成"想走就走的辞职环球旅行"，仿佛逃脱目前生活的乏味环境，人生就会闪闪发光。

然而事实证明，这样做无济于事。

有很多热爱旅行的朋友，去过欧洲二十国，邮轮环球八十天，南极玩过企鹅，北极看过极光。然而，回来之后，也没看出来有什么本质变化，除了一些酒后谈资和自拍照，也还是得继续掉进苟且的生活。

再说说诗，是不是时时转发一下"岁月静好，来看我的起床素颜照"，就算有诗意的生活了呢？

诗意其实跟写诗没有什么关系，诗意应该是一种有趣。

而要成为一个有趣的人，最重要的事情，是要找个兴趣来碾压自己的智慧。

兴趣爱好有很多种，但大多数的人，往往会选择最不费脑子的那些，比如喝酒，打麻将，逛街购物，看电影，打游戏，旅游等，都不需要太多的思考，易入门上手，花点钱就能得到很好的享受，时间也过得快。

但不费脑子的兴趣爱好，也只是苟且生活的一部分。

要让自己成为有趣的人，这些没用，因为在这些活动里，你并没有挑战自己的智慧。

说一个钓鱼朋友的故事。

一个做企业的朋友，有一次和他去海岛旅游，在海边钓上了一些小鱼，竟然中邪一样爱上了海钓，一发不可收拾。

他的梦想是要钓上一条两斤以上重的石斑鱼。

当然，我们知道，要在渔业资源枯竭的南中国海，钓上一条超过一斤的野生石斑鱼，并不是轻易的事情。

那个朋友，花了大量的时间，研究矶钓装备和鱼饵，短短时间里，成了上知天文气压，下晓地理潮汐的专家。两斤的鱼还没钓到，花的时间金钱都够买一吨石斑鱼了。

后来，有一次又和他去珠海的海岛上钓鱼，在大海中一块孤零零的礁石上过夜，用便携小煤气炉煮鲮鱼和方便面做晚餐，天微微亮时，朝霞红透了无边无际的海面，海浪拍打着脚下的礁石，数不清的海鸥绕着小岛飞舞，日出光芒万丈浮云开合。

是不是很诗意的场景呢？其实我们不过是为了钓一条两斤的石斑鱼而已。

那次，鱼依旧没钓到，但那天壮丽的海上日出，是很少有人能看到的。

对那个朋友来说，诗和远方都归结成了一条鱼，那个等鱼上钩的孤独身影，就是诗，而那些为了钓到鱼而涉猎的天文地理知识，则成了他的远方。

我们知道，大气气压高的时候，水中氧气充分，鱼儿摄食旺盛，热爱咬钩。我那个朋友，每次要跟客户谈生意签合同，总要上观天象，挑个气压高的日子。

我们也知道，天文大潮时，鱼儿运动活跃情绪高昂，不爱摄食只想狂游。我那个朋友，每次要开激励员工的大会时，都要下闻地理，找个天文大潮的时间。

后来，我朋友说，最近生意顺利，赚到十吨石斑鱼了。

当然，钓鱼说不上多高大上，但这点小小的爱好，却是个打开另一个世界的入口。

只要有一件无关重要的小事，能让你不顾功利地沉迷进去，才有可能成为有趣的，诗意的人。

可以做木工，为了打造一只完美的小凳子，耗上你所有的业余时间；

可以去拍昆虫，为了等一只蝉蜕壳在森林里蹲上三天；

可以玩烹调，为了做出一道完美的"冬阴功汤"，而跑遍整个泰国搜集香料；

可以练书法，为了写好欧阳询，把整本九成宫每个字勾描下来写上一万次；

可以为了喝到一杯好茶，把整条茶马古道徒步走上一遍。

这些事情，不需要辞职旅行，不需要等你辛苦存到一千万，只要心里长了草，马上就可开始去做的。

我的另一个朋友，喜欢摄影，他的志向是把中国现有的公众场合的毛主席塑像都拍下来，每次酒桌上，他都会打听每个人，哪个城市的广场还有毛主席雕像。

为了拍沈阳批发市场的毛主席像，他花了一周时间，等一场正在下的大雪。

这样的花时间，甚至看不到什么回报，值得吗？

很值得，这些白白浪费的时光，就是诗和远方。

经常会有朋友问我，现在开始学画画，会不会太晚了？

学画画的最好时机，是十年前，其次是今天。

画画很难吗？其实一点都不难，每个人都会画。

不必拘泥于那些通常教画画老师说的，得从素描色彩构成造型什么的学起，那些是美院的应试教育用的。

拿起笔，直接就画你最想画的那幅画，绘画的过程中，会遇到很多相关的技巧问题，遇到什么学什么就是了。所有的技巧问题，都是小问题，只要你坚持要画出想画的画，这些都是轻易能解决的问题。

就像我那个钓不到鱼的朋友，到最后，总会发现，那条石斑鱼根本不重要了。

最美的时光，是在等那条鱼的时候。

有趣才有诗意，眼界就是远方。

唯如此，我们的生活才可以不再苟且下去。

不要等到失去了
才后悔没好好珍惜

这几年，同学朋友间，常有这样的消息传来，谁谁的妈妈没了，谁谁的爸爸又没了。每次听到这样的事，都叹息：又一个公主被抛向荒原了。

每一个公主的悲惨人生，都是从失去至亲那天开始的。我6岁失去生父，30岁失去继父，父亲缘薄，一直在荒原上"站着"。

总算历经生死，有点儿坚强，才没在第二次丧父时陷入崩盘。真难以想象，她们该如何熬过这场疼痛。

高中时，一个小姑娘无比亲昵地拉着爸爸的手叽叽喳喳，我对她说："真羡慕你，父母健在。"她抖着细长的小辫子，一脸茫然地看着我，实在理解不了没有父亲是一种怎样的体验。

我不是没有父亲，继父待我恩重如山，但那是恩，是情，隔着血缘的距离，我没有一个可以拉着手，吊在脖子上荡秋千的亲生父亲。

就在前几天，当年那个一脸茫然的小姑娘，在微信里对我说："真羡慕那些四五十岁还双亲健在的人。"

她爸爸去年去世了。我无从安慰，深知失亲之痛，安慰不动。

还有一个小姑娘，上学时被父母宠如珍宝，她妈妈天天早餐给她包馄饨，一个星期不重馅儿，让我们这些天天吃挂面的住校生羡慕不已。

结果大学没毕业，她妈妈忽然就没了，这个曾经的公主，不但再也吃不上馄饨，连挂面也吃不及时了。

姑娘消失了一段时间，忽然再露面，就是一副生猛无畏的样子了。她不但学会了做饭，还学会了擦厨房、灌煤气、交电费、帮爸爸去相亲。

每次看到她在朋友圈晒美食，都能想起她那个胖胖的妈妈，好心酸。

亲情也是把双刃剑，曾经得到多少爱，就得承受多少痛。

年少时，我们曾经以为，生活会一直平和静好，父母的头发不会那么快地白，齿不会那么快地落，意外从来都是"故事"，却从没想过他们真的老，真的死的那一天，会来得如此措手不及。

我们总是不甘地想："我还尚年少，你却怎可死？"

更可怕的是，一旦失了一个，另一个会变得比死还难受，她们会哭，会闹，会万念俱灰，会像婴儿一样要人照顾。

这个时候，身边所有人开始对你说："家里现在全靠你了。"好像十指不沾阳春水的我们，一下子就能适应这"一家之主"的角色，不会慌张，不会怕一样。

于是，容不得我们痛不欲生，容不得我们撕心裂肺，开始笨拙地操心家里的大小事情。

葬礼是对一个孩子最残酷的教育，是真正的成人礼。那场仪式过后，我们会瞬间长大，从软妹子变成女汉子，还得是硬汉。

我在继父去世的时候，张罗了找坟地，买棺材，雇厨子、灵车、吹鼓手等等从没接触过的事务，还要红肿着眼睛迎来送往，周全礼数。

我的成人礼来得过早，性格也过早地变得刚硬。我知道女人刚硬不好，成年后，总想消磨掉些，做一个温软的女子，却再也做不到了。

葬礼，是最残酷的教育

前年，因为要修路，我把生父的坟迁了，让他和爷爷奶奶聚在一起。因为是女人，风水先生不让我参与，堂哥代劳。哥哥说过了二十六年，爸爸的骨殖尚好，只是衣服已烂。

我听到这话眼泪就流下来了，我恨恨地想，这二十六年，对于他只是烂掉了一件衣服，对我可是脱了多少层皮啊！

有时候真是恨他，恨他不管我。可恨完了还是想，想那张历经岁月侵蚀早已模糊的脸。

因为过年不回家，去年腊月我回老家给爷爷奶奶爸爸们上坟。

爷爷奶奶的离去，比两个爸爸带给我的伤痛不少一分。我是他们教养大的孩子，太多温暖琐碎的回忆萦绕眼前。他们离开后，我曾无数次提笔想写他们，却都无从下笔。

那天出奇的冷，大雪漫天，我拿着香烛纸钱爬那个高高的大坡，每一步都十分艰难。

到了坟前，天冷得打火机都打不着，又爬下坡去买火柴，买完了再爬上去，手已没有任何知觉。我跪在一片晶光闪闪的雪地上，划掉了半盒火柴才把纸钱点燃。我给他们带了一款新的饮料，在北京喝到的。

每次上坟，我都会带一些他们生前没吃过的东西，前年带了咖啡。说到咖啡，又是痛，爷爷死后，我从不喝咖啡。

他去世那一年，有一天忽然问我："咖啡什么味儿？"（他一辈子在农村，从没人给他买过这种东西，但他看电视，总看到。）

我说："不好喝，鸡屎味儿。"爷爷吐吐舌头，想象不出来。

我说："下次给你买来尝尝就知道啦。"

他高兴地说："好。"

可是没等我买来，他就去世了。

没什么比"子欲养而亲不待"还遗憾的事了。

爷爷奶奶爸爸们去世后，觉得自己一下子孤零了，故乡不再是故乡，家也不再是家，一想到这世上最疼我的人都去了，就觉得自己可怜无比。

为麻痹自己，就假装他们还活着，活在身边的空气里，活在意念里。

每次生活有了变化，就在心里对他们说："我上大学了。""我结婚了。""我有孩子了。"只要假装他们在身边，就活得有底气。

哎，这些琐碎，不能提，无穷无尽。

还好，有个妈妈呢，总算没彻底成了无根之人。

老舍在《我的母亲》里说过一句话："人，即使活到八九十岁，有母亲便可以多少还有点孩子气。失了慈母，就像花插在瓶子里，虽然还有色有香，却失了根。"